あらもの図鑑

「暮らしの道具 松野屋」店主
松野弘 編

とんぼの本
新潮社

昔懐かしい
セルロイド製品

目次

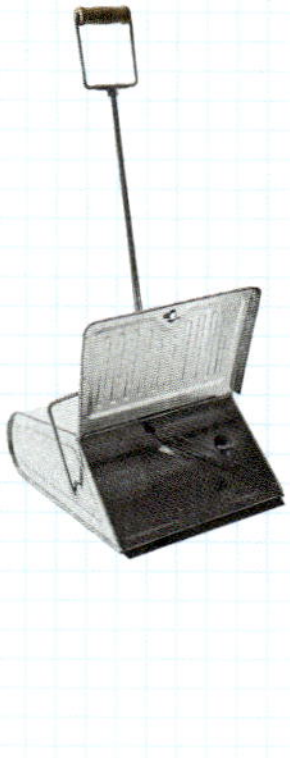

2〜3ページ／東京・日本橋馬喰町の荒物問屋「暮らしの道具　松野屋」の店内。小売業の店主や海外からのバイヤーなどが連日訪れている。

町の荒物屋さん

松野弘

私が子どもだった昭和三十年代には、東京の下町にも荒物屋さんがありました。アラモノヤと呼ばず、アラモンヤと大人たちは呼んでいたような記憶があります。今でいう町のホームセンターで、暮らしの道具、日用品を売っていました。裸電球が灯る土間に、ところ狭しと日用品が山積みにされ天井からぶら下がり、子どもにしてみれば楽しい空間で、おつかいに行くのが楽しみでした。

まだプラスチック製品の少ない時代で、素朴な暮らしの道具がほとんど。トタンのバケツやたらいに洗濯板。箒にちりとりにはたき。ちりとりもトタンや木製でした。買物かごは籐や竹やいぐさ。ビニールを巻いたワイヤー製の買物かごも出始めていました。あの頃はみんな商店街に買物に行く時には必ず買物かごを提げていったものです。コンビニ袋なんてありません。お母さんたちはエプロンをして、サンダルをつっかけて、思い思いの買物かごを提げていくのです。そんな姿も、昭和のファッションのひとつに思えてなりません。それから仏壇や神棚のロウソクも売っていました。停電や花火の時にも使ったものです。

そのような私の子どもの頃の下町の荒物屋が、まだ日本の地方の町や村には少しだけ残っています。東北地方の荒物屋さんには、きのこ採りの時期には腰に提げる竹かご、山菜採りの時期には山菜採り用帆布リュックが並びます。リンゴの時期になれば、リンゴ収穫用のカゴにリンゴを入れて店先で売られています。アルマイトのヤカンやワラの鍋敷きや木杓子などの昔ながらの台所用品やネジ、クギ、ノコギリなどの日曜大工用品も置いてあります。さらに

馬具小物やネズミ捕り器、田植え用生ゴムの長靴……。懐かしい店が現代でも数軒残っていて、見かけるたびに郷愁をおぼえます。

そんな荒物屋さんが、今の私の仕事のお手本であり、原点です。

私の営む「暮らしの道具　松野屋」は〝平成の荒物屋〟として、なるべく自然素材の暮らしの道具を扱っています。そして、どこで、誰が、どんな材料で、どんなふうに作っているのかを、きちんと自分の目で見て、知ったうえで商いを続けたいと思っています。

私はつねに、大量生産品ではなく、また美術工芸品や高級品や一流品でもなく、普段使いの暮らしの道具を求めてきました。たとえば、農業のかたわらで長年作り続けている箒。下町の油まみれの町工場で作り出されるトタンの米びつ、バケツ、ジョーロ。リンゴ収穫用の木製の脚立。ワラを巻いた釜敷き……。そんな昔ながらの家内制手工業で作り出される日用品に着目しているのです。

いわゆるお父さん、お母さん、おじいちゃん、おばあちゃんが働き手となってものを作るという日本の家内制手工業の形態は、長い年月をかけて育まれてきました。そこから生み出される荒物雑貨は、大量でも少量でもない〝中量〟生産品といえます。そして工夫や改良を重ねて丈夫に作られ、求めやすい値段で売られてきました。

さらに無駄な意匠はハギ取られています。ファッションのように毎年デザインが消費される必要はないのですから、無駄が省かれた日用品のデザインは長年継続します。だから、いつ誰が考え出したデザインなのか解らないまま、そのまま現代まで作り続けられているものが多いのです。

松野屋としては、デザインの力をけっして否定はしないものの、私たちがデザイナーとしての才能をさほど持っていないことを逆にメリットと考えて、〝マイナスのデザイン〟を進めている一面があります。

たとえばがまぐち。三十年ほど前に大阪で作られていた牛革のがまぐちは、ロウケツ染めや型押しの柄のものが多く、口金は金色。柄のないシンプルながまぐちなどほとんどありませんでした。そこで、口金はニッケルメッキに替え、牛革は無地で十色のバリエーションのみにしてマークも柄もなくしたら、シンプルながまぐちができ上がりました。同様に、栃木の箒も、昔ながらの金やピンクの糸を使わずに、黒と赤の二色のみにしてもらっています。すると余分なデザインをなくしただけ価格は安くなり、若い

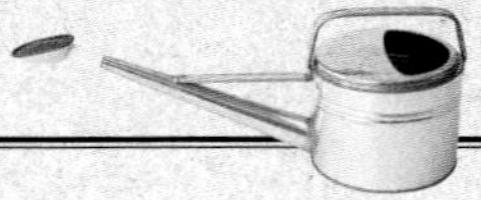

人も年配の人も使えるようになったのです。これは、ひとつの世代を狙う横割りの商売でなく、縦割りの商売といえます。すべての世代に対応できる縦割り商売こそ荒物雑貨のメリットだと私は思います。若い人たちは荒物を見て「カワイイ」と言い、年配の人たちは懐かしく感じてくれます。

また、トタンの米びつについてはネームホルダーを打ち付けてもらって、収納ケースとしても使えるようにアレンジしてみました。形を少しだけ変えて縦に長くすればゴミ箱になりますし、小さく作ればCDケースやシューズケースに使えます。このように、工場や生産者が無理しない範囲でできるオリジナル商品も、松野屋は開発しています。

さらに、荒物問屋として、地場産業を盛り立て、作り手を継承させていくためにも、まずは需要を生み出すことが大事だと強く感じています。

群馬には九十歳まで箒を作り続け、納めてくれたおじいちゃんがいました。佐渡には九十歳で今でも布草履を作ってくれているおばあちゃんもいます。栃木の箒作りのおじいちゃんとおばあちゃんは八十三歳と八十五歳の御夫婦。毎日朝から夕方まで差し向かいで箒作りを何十年も続けています。おばあちゃんには「おたくが毎月毎月注文をくれるから、この歳まで続けられて、孫の結婚式にもお祝いを持っていけて、毎日健康に暮らせる。ありがとう」と言われました。私からみれば、自らの技術で八十歳を過ぎても仕事を続けていける暮らし方こそうらやましく思います。

また、木杓子を作る岩手のおじいさん、竹かごを作る佐渡のおじいさんたちも、八十を超えていますが、じつは彼らは定年まで勤め、退職後に物作りを始めた方々です。親が物作りをしているのを子どもの頃から見たり手伝ったりしていたので、第二の人生に物作りを始めたのだとか。道具も材料も身近にあるし、健康にもいいし、と、作り続けることかれこれ二十年以上。最近では近所の若い人も仕事を教えてくれと来るそうです。若いといっても定年を過ぎた六十歳以上のおじさんたちですが……。日本各地にこんな仕事の継承の仕方が広がればいいなあと思い、次世代に仕事を引き継いでもらうことも私の大切な仕事のひとつだと実感しています。

私は東京日本橋の鞄問屋の長男に生まれました。戦後すぐに先々代が始めた店では築地の市場や蕎麦屋で使う集金鞄、銀行員の鞄、中学生の肩掛け鞄などを扱っており、幼い頃からその影響をずいぶん受けました。大きくなるにつれて民芸にたいへん興味を持ち、一方で近隣のアメ横で軍モノのサープラス

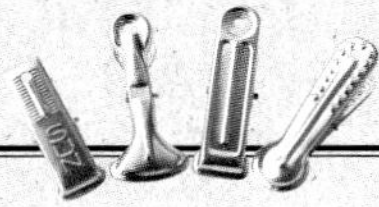

グッズに惹かれ、一九七〇年代にはアウトドアやヘビーデューティー、フォックスファイヤーBOOKなどアメリカものにも染まりました。自分も作り手のひとりになりたかったという思いがあって、二十代前半は、帆布の鞄の仕事をおぼえるため京都に四年ほど修業に出ました。

そんな私自身を振り返ると、これまで興味を持ったものすべてを重ね合わせた部分が、今の松野屋の荒物雑貨に行きついたのではないか、とあらためて思います。荒物は無骨ではあるけれど、作りが頑丈で、使うほどになじみ、愛着が増し、経年変化が楽しめるものです。それは、アメリカのジーンズやキャンバスのトートバッグ、ワークブーツなどにも共通している部分もあれば、伝統工芸や民芸的なものへのこだわりにも通じるところがあります。

ただし、民衆的手工芸ではなく民衆的手工業、自然食品ではなくて自然商品を目指すのが私の本分と肝に銘じています。とは言うものの、肩に力を入れず自然体でムキにならずにのんびりと、と考えています。

最近は海外でも同じ思いを持つ方が多く、パソコンのおかげでネットでの問い合わせが増えてきました。直接買い付けにくる海外のバイヤーたちも増えました。パリのメゾン・エ・オブジェという展示会にも出店し、パリ、ロンドン、スペイン、北欧、台湾、アメリカなどのセレクトショップに日本の荒物が並ぶようになりました。たとえば、下町の立ち飲み屋で使っている厚口グラス、トタンのたらい、アルマイトの急須、松野屋オリジナルの帆布トートバッグ、洗濯ばさみ、ちりとり、ワラの釜敷きなどが好まれています。十年前を思えばウソのようですが、大量生産、大量消費、価格破壊の嵐の中、使い捨てに対して嫌悪感を持つ人が世界中で多くなったと感じます。日本の物作りのレベルの高さと信頼性が評価されるなかで、丈夫で買いやすい、昔ながらの荒物雑貨が再評価される時代がやってきたのかもしれません。

本書では、松野屋が大切にしている日本の職人さんや町工場で生み出される、丈夫で買いやすく、美しく、長く使えて楽しめる荒物雑貨をご紹介したいと思います。また、手打ちおろし金の目立てのように、伝統の手技に裏打ちされたものも、実用品として使ってほしいという願いから、登場しています。一見不便に見える昔の暮らしの道具も、使ってみればとても便利で、エコロジーな道具であると気づいていただければ幸いです。

台所道具

毎日使うものだから、丈夫で機能的、清潔でそのうえ味のあるものがいい。木のまな板、竹の味噌漉し、アルマイトの弁当箱……日本の台所や食卓で活躍する、昔ながらの道具を提案します。

＊説明文の最後に付した県名は、その製品の製作されている県名を示しています。

お櫃から醤油差しまで

台所道具や食卓の小道具は、水洗いに耐えて、長く気持ちよく使えるものでなくてはならない。用途に応じてふさわしい素材も考えよう。

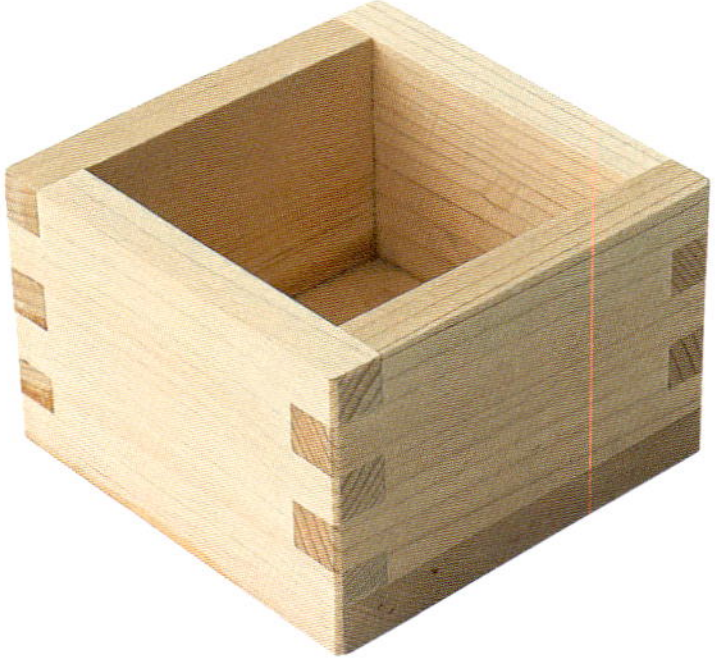

ヒノキ一合枡

清潔感あふれるヒノキ材の枡。ご飯を炊くときに米の量を計るだけでなく、お酒を飲むにもおすすめ。8.3×8.8×5.7cm。栃木県。

サワラお櫃

炊き上がったご飯をお櫃に移してから、飯碗につける。それが正統的な日本の食卓。サワラ材は水に強く、耐久性に優れているので、お櫃に適した木材だ。径約24cm（5合）、約21cm（3.5合）。徳島県。

ヒノキしゃもじ

おしゃもじは常に清潔を保ちたい。ヒノキ材は軽くて乾きも早く、抗菌作用もあるため最適。長さ約21cm。栃木県。

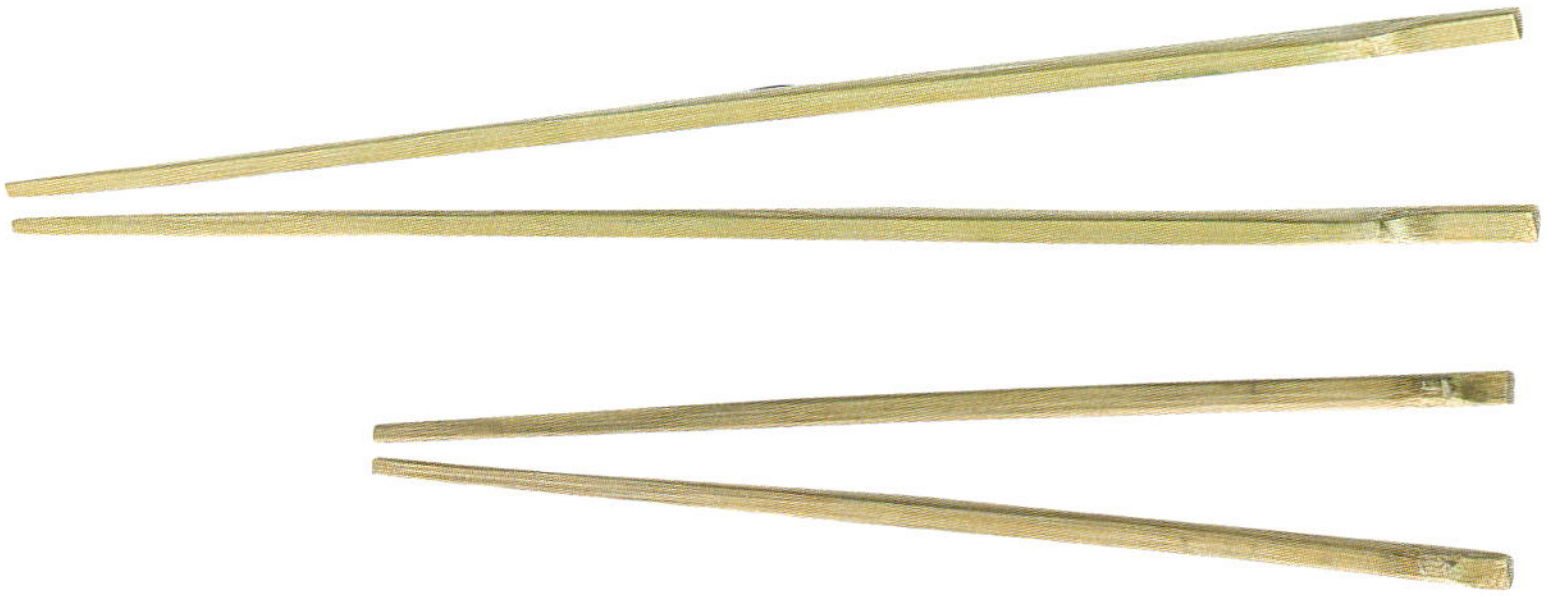

真竹菜箸

なにかと使用頻度の高い菜箸。強度があるのにしなやかで折れにくく、持ちやすい真竹がおすすめ。カビを防ぐために、水気はよく取っておきたい。長さ約33cm、25cm。福島県。

宮崎杉角盆

杉の生産量日本一を誇るのが宮崎県。水を吸いにくく、軽くて強いうえに、柾目の揃った美しさが魅力。お膳にすれば贅沢な気分に。辺30.5cm。宮崎県。

ヒノキまな板

まな板は断然、包丁のあたりの柔らかい木がいい。なかでもヒノキは反りにくくて水気に強く、衛生的。長さ約34cm（M）、約27cm（XS）。栃木県。

ガラス醤油差し

シンプルなのが一番。醤油は上の蓋をはずして入れ、注ぐときは蓋を人差し指で押さえて。液だれなくきれいに注げる。高さ約11.3cm。山形県。

飲み屋の厚口グラスと酒受皿

お酒が進みそう。熱燗は冷めにくいし、ほどよい持ち重り。頑丈で多少手荒く扱っても、そうは割れない。赤ワインを入れてもフランスのカフェっぽくて格好いい。グラスは高さ10cm。小さめの高さ約9cmもある。福島県。受皿は径約8.5cm。山形県。

ステンレス給食かご

給食のときの食器運びに活躍したかごを家庭用に少し小ぶりにした。シンク脇に置いて、水切りかごに。食器も鍋もストレスなく入れられる。37×39.5×19cm。小さめの26×39.5×19cmもある。東京都。

場所を取らずに、ひょいと持って家中どこにでも運べる丸椅子。台所に置いてちょいと腰を掛けるのにも重宝する。高さ60cm（大）、44cm（小）。北海道。

かえで拭漆小萩汁椀

耐久性に優れたカエデ材のお椀。拭漆(ふきうるし)は生漆を摺り込んでは拭き上げる技法。使い込むほどに、深い飴色に変化していく。普段のおみおつけに。径12cm。少し小ぶりなもの（径11cm）もあるので、夫婦椀にしても。福島県。

かえで拭漆羽反プレート

軽くて使いやすい小皿。ちょっとしたおつまみを載せるもよし、洋菓子にもよし。径18cm（大)、15cm（小)。福島県。

かえで拭漆羽反ボウル

口縁が外側に少し反り返っている羽反(はぞり)形。煮物に最適。径12cm。福島県。

かえで拭漆ボウル

高台がないタイプ。こちらはサラダなどにどうぞ。径11.8cm。福島県。

栗拭漆箸箱セット

お箸にする木材にはたくさんの種類がある。それぞれに特徴があるので、持ちやすさや使いやすさを比べて、自分に合ったお箸を選びたい。栗の天然木を使ったこちらは、硬くて細身で持ちやすい。箸箱は拭漆で木目がはっきり浮かび上がってきれい。箸箱の長さ25cm（大）、20.5cm（小）。福島県。

スス竹箸箱セット

塗装や装飾のないシンプルな竹の角箸。すべらず、細かなものもつかみやすい。箸箱の長さ25cm（大）、21cm（小）。日本製。

折りたたみ箸セット

行楽に、ピクニックに。ねじ式で分解できて小さく収まるすぐれもの。箸箱の長さ13.5cm。日本製。

ひのき漆箸

木曽ひのきの角箸は手触りがよく、軽くて使いやすい。おもてなしにも最適。長さ22cm。長野県。

あけびなべ敷き

あけびの蔓を丁寧に編み込んだ味わい深い一品。あけび蔓細工は大昔から伝わるものだが、最近はあけび自体が少なくなってきたとか。長く使いたい。径約18cmと約15cmがある。青森県。

味噌こし

真竹を使い、細かく割いて編み込んで作った昔ながらの道具。お味噌だけでなく、茹で上がった野菜や麺を掬いとったり、水切りをしたり、重宝する。長さ約25cm。新潟県。

ワラ釜敷き

綯ったワラを一本一本編んで作る。安定性が高くて、重くて大きな土鍋でも鉄鍋でもしっかりと受け止めてくれる。径約23cm（大）、約19cm（中）、約14.5cm（小）。新潟県。[114 ～ 115ページ参照]

木杓子

お鍋の季節には欠かせない。ステンレス製のお玉では決して得られないあたたかさがある。朴の木(ほおのき)を削って作られた優しい色の木杓子は、使い込めば使い込むほど、深い色を帯びていい味を出す。長さ約30cm（特大)、約28cm（大)、約24cm(中)、約19cm(小)。岩手県。[34～35ページ参照]

おろし いろいろ

大根、生姜、わさび、とろろ芋。おいしくいただくために、正しくおろさねば、もったいない。おろし器は素材もいろいろ、形もいろいろ。それぞれの用途にふさわしい道具がほしい。

アルマイト理想おろし金

かつて台所に必ず一つはあった懐かしいタイプ。シンプルで軽くてお手入れも簡単。目の粗いほうを使って大根おろし、細かいほうで生姜擂り、と、一枚で二役の“理想”的な道具です。長さ22.2cm。日本製。

銅手打おろし金

鋭い目立てで切れ味抜群、小さな生姜もきめ細かくおろせる。銅板の切り出しから目立てまですべて手作業で製造された逸品。裏面は粗めの目立てを施してあるので、両面上手に使い分けたい。バットなどに寝かせて擂るのがベストな使い方。長さ約21.5cm（大）、約11cm（ミニ）。大阪府。[36～37ページ参照]

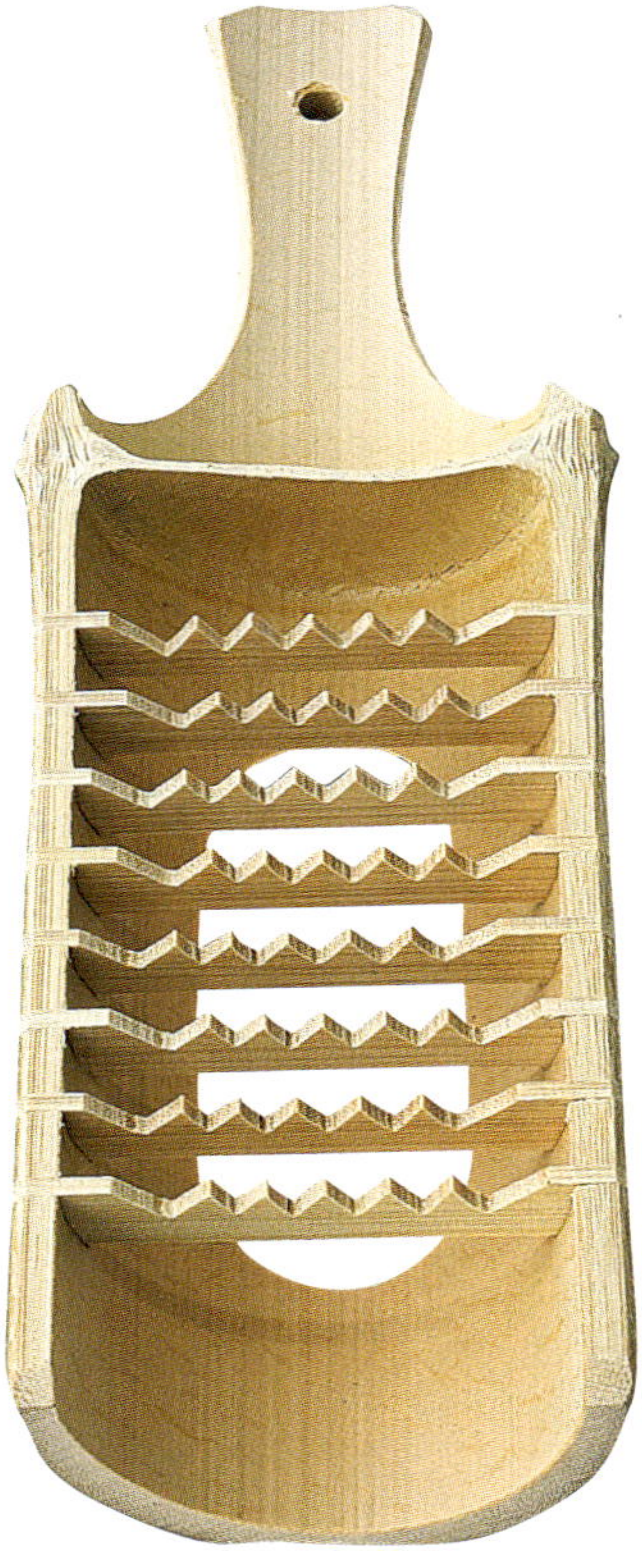

アルマイト板おろし金

右の理想おろし金と同じように、こちらも懐かしい形のおろし金。軽くて扱いやすいが、目が磨耗しやすいところが難点か。ざくざく大量に大根をおろすときにも便利。長さ24cm。日本製。

竹鬼おろし

真竹を使って、鋸歯のような三角のぎざぎざを付けた形に加工したおろし器。大根を粗くおろすときに使う。まさしく“鬼”の面相で、見ているだけでユニークな存在。長さ約29cm。大分県。

サメ皮おろし

お刺身用にわさびを擂るなら、これ。こちらの素材はエイの皮で、細かな突起が密集しているので、わさびを滑らかに擂りおろせて、香りや辛味を引き出すことができる。長さ約13.2cm。岐阜県。

お弁当箱

もちろん中身も楽しみだけど、使い慣れたお弁当箱ほどいとおしいものはない。毎日使うもの、行楽のお供とするもの、いろいろ使い分けてみたい。

ヒバすり漆二段弁当箱

天然のヒバ材の木目も美しく、余計な水分を逃してくれる。「すり漆」は拭漆とも呼ばれる技法。7.5×16.5×8.5cm。福島県。

木曽漆器の曲げわっぱ弁当箱

側面は木曽ヒノキ材、蓋と底にサワラ材を使用し、拭漆をほどこす。天然素材だけで作られた一つは欲しいお弁当箱。水分をほどよく吸って、食材は腐りにくい。大きさは長径約18.3cm（大）、約17.5cm（中）、約16.5cm（小）の3種類がある。長野県。[38 ～ 41ページ参照]

篠竹弁当かご

つやつやした篠竹の清潔感。編み目の美しさ。通風性。休みの日には、竹のお弁当かごにおにぎりを詰めて、出かけたい。約18×11×6cm。岩手県。

篠竹サンドイッチかご

パン派のひとにはこれ。サンドイッチかごとは洒落ている。できれば両方持っていたい。約14×12×7.5cm。岩手県。

アルマイト弁当箱

懐かしいお弁当箱。食べ盛りの"ドカ弁"といえば、このアルマイト製がほとんどだった。なにしろ軽くてたっぷり入る。ご飯の上に梅干を毎日のせ続けると、酸化して蓋が傷むことがあるので要注意。17×11×4.5cm。大阪府。

宮崎杉二段弁当箱

杉も吸湿性や殺菌作用が高く、お弁当箱や食材を入れるのに適した木材。柾目もすがすがしく、食欲がそそられる。7.8×15.8×11.5cm。宮崎県。

宮崎杉二段重箱

こちらはお重。お重といってもおせちやお花見弁当に限らず、簡単なおつまみを詰めて、ホームパーティーや友人の集まりに使ってみても楽しい。16.5×16.5×11cm。宮崎県。

飲み屋の厚口グラスは家飲みにも似合う。茶の間の丸いちゃぶ台に置いて、タンポで温めた熱燗をたっぷり注いで、至福のとき。

アルマイトの食器

この白っぽく光る金属の器を見ると、給食の時間を思い出す。昭和にタイムトリップしたような郷愁。軽くて、落としても絶対壊れない〝働きもの〟に再び注目！

アルマイトコップ

アルマイトとはアルミニウムにメッキで皮膜を作る加工。錆びにくく磨耗しにくいので美しさを保てる。そして非常に軽い。つまり子どもでも扱いやすい。これは歯磨きのコップにいい。径12cm（大）、11cm（小）。大阪府。

アルマイトプリン型

何の飾り気もないのがかわいい。文字どおりプリンの型だが、台所の小道具としても使える。径7.2cm（大）、5.3cm（小）。大阪府。

アルマイト小皿

まさしく給食のお皿！　調理皿にも。鮮やかな色のお菓子などをのせたら色映りが楽しめそう。径14cm（大）、12cm（小）。大阪府。

アルマイトバット

素材をいったん取り分けたり、魚や肉に小麦粉をまぶしたり、重宝する。常備しておきたい道具。長辺36cm（大）、27cm（中）、19.1cm（小）。大阪府。

アルマイト籐巻タンポ

熱伝導のいいアルミ製だから、鍋に湯煎して温めると好みの温度に調節しやすい。用途は様々考えられるけれど、やっぱりおでん屋気分で酒注ぎに。高さ13cm（2合）、11cm（1合）。大阪府。

アルマイト角盆

しっかりとしているのに本体は軽い。料理を運ぶ、食器を運ぶ、洗いものを運ぶ。台所の必需品。46×31cm。京都府。

アルマイトお椀

食器、というより、卵を溶く、刻んだ野菜を分けておくなど、調理皿として大活躍しそう。径15cm（大）、13cm（中）、12cm（小）。大阪府。

たわし いろいろ

鍋の底からビンの中まで、見えないところもきれいにしてくれる、頼もしい日本の道具。あると便利、ユニークないくつかを紹介しよう。

パキンミニブラシ

パキンはメキシコ産の植物繊維で、吸水性があってコシも強い。鍋の焦げ落としや洗面台の細かなところの掃除にも、いろいろな使い途がある。長さ約13cm。和歌山県。

シュロ棒たわし

シュロは昔から日本人の暮らしに利用されてきた素材。シュロたわしはしなやかで優しい質感で、鉄の鍋やフライパンなどを洗うのに最適。掌でしっかり握って、切り揃えた面を使ってゴシゴシ洗える。一つ一つ、職人さんの手作りだ。小さなものは、サッシの枠や隙間などの汚れ落とし用としても。約5×13.5cm（M）、約3×13cm（S）。和歌山県。

シュロ茶釜たわし

柄の部分はしっかり巻かれていて丈夫で握りやすく、使い勝手がいい。本来は茶釜を洗うたわしだが、もちろんフライパンや鍋にも。長さ約16cm。和歌山県。

毛ビン洗い

毛先が細くしなやかな馬の毛を利用したビン洗い。口の狭いビンの中へもするりと入って、先端にも付いている馬毛で底まで磨ける。全長約53cm（大）、約41cm（中）、約30cm（小）。愛知県。

シュロびんたわし

耐水性があり、弾力性や耐久性に富むシュロは、洗剤いらずでステンレスやテフロン加工も傷つけることなく洗える。これは棒を操ることで先端の丸みをうまく使い、ポットや水筒の底までしっかり磨ける優れもの。全長約41cm。和歌山県。

いとしのざる・かご ①

植物を編んで作るざるやかごは、身近な道具として私たちとともにあり、暮らしを豊かにしてくれる。日本の手わざが生んだざる・かごから、まずは台所まわりで活躍するものをご紹介。

淡竹そば丸ざる

兵庫産の淡竹（はちく）の皮を素材にして、丁寧に編まれたかご。つるつるとして滑らかで上品。水切れがいいので、そばざるに最適。径約23cm。兵庫県。

淡竹小判かご

小判形をした少し深さのあるかご。フルーツバスケットとしてだけでなく、お好きな使い途を探して。約30×23×5cm。兵庫県。

淡竹深ざる

こちらも深さをつけたざる。野菜を洗って水切りしておくなどの役目を離れて、食卓の器としても充分に美しい。径約24cm、高さ約5.5cm。兵庫県。

篠竹丸ざる

しなやかで弾力性に富み、素朴な風合いの篠竹のざる。径6寸（約18cm）から１尺（約30cm）まで大きさいろいろ。長く使ううちに、飴色に変わってゆくさまも楽しめる。岩手県。

篠竹みざる

片口になっているので、研いで水切りした米を、そこから別の器に移したりと、使いやすい。約31×30cm。岩手県。

二重巻き盆ざる

どうしても傷みやすい縁の部分を二重に巻いて補強した、新潟・佐渡に伝わる丈夫で美しいざる。径約24cm、約30cm、約36cmの３種類。新潟県。

真竹角盆ざる

こちらも縁を頑丈に巻いた、洗うのにも盛るのにも、使い勝手満点の長方形のざる。長辺約21cmから約42cmまで大小さまざまあり、重ねて収納できるので場所取らず。新潟県。

群馬茶碗かご

真竹を用いて編み上げた食器の水切りかご。小ぶりの楕円形で使い勝手がいい。果物かごなどにしても。径約33×28cm、高さ約14cm。群馬県。

篠竹椀かご

こちらは岩手の篠竹で編まれた椀かご。円形で深さのある形。風通しがいいので根菜などのストック用のかごとしても最高。径約29cm、高さ約20cm。岩手県。

篠竹六ッ目ふきん立て

ふきんを入れるためのかごだけど、キャンディや小さなお菓子を入れて置いておくのも楽しい。径約8cm、高さ約8cm。岩手県。

真竹六ッ目かご

重ねて収納できる大中小３つ1組のかご。果物、野菜、お菓子、小さな食器……入るものは何でも受け入れてくれる。縁や底面が補強されているため、多少重いものでも大丈夫。径約23cm（大）、約19cm（中）、約16cm（小）。新潟県。

真竹大阪たらしかご

本来はバット、トレーのような役割のかご。頑丈な作りで、食器の片付けのときや野菜を入れたり干したりするときなどにも重宝する。長辺約46cm（大）、約41cm（中）、約38cm（小）。新潟県。

がんばれ！日本の職人さん

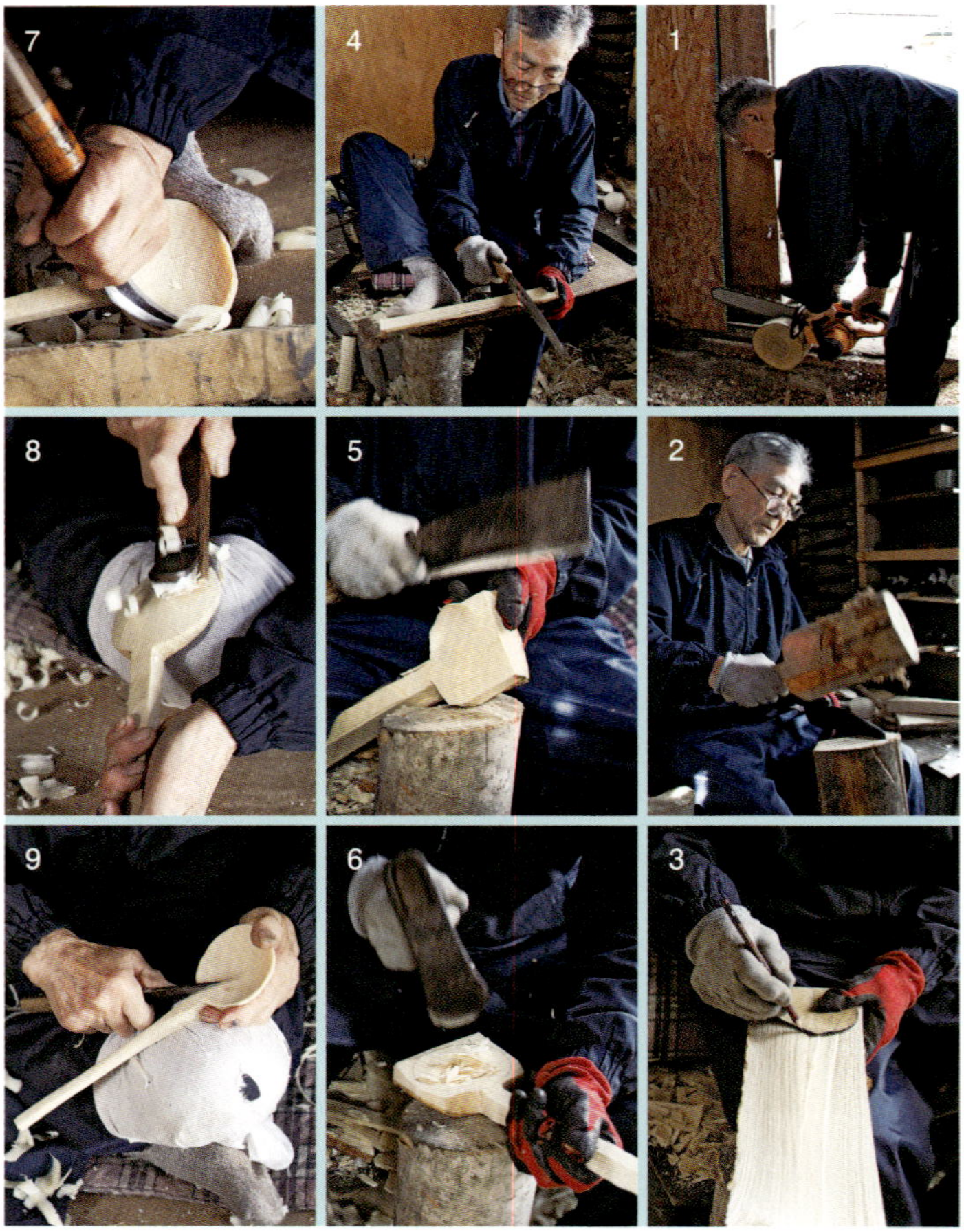

朴の木の杓子

ナタと鉋で削り出す、優しい味わいの1本

◎岩手

岩手県中部の町で、米澤邦夫さん（82歳）が今日も元気に木杓子を作っている。作業小屋の中に積み上げられた朴の木の丸太のなかから直径15センチほどのものを取り上げると、小口の目を慎重に確認しながら大きな木槌とナタで割り、杓子5本分の材料を手早く切り出した。朴の木はこの辺りに多く、強くて細工しやすい。米澤さんは自分で山や雑木林から伐り出してくる。「秋の彼岸から春の彼岸までに伐った木は丈夫なんです」と教えてくれた。

米澤さん愛用の鉋やナタ。道具は命。つねに手入れに余念がない。

1. 朴の木を少し余裕を持たせた長さに切り出す。昔はノコギリだったが今はチェーンソーを使っている。2. 大きな木槌とナタで丸太を縦に割る。3. 型を使って杓子の輪郭を鉛筆で木に描きつける。4. 余分な部分をナタで切り落とす。5. ザッザッと潔いまでに、ナタ1本で杓子の形にしてゆく。6. 小さな鍬のような道具を使って、おたまの部分をざっくりとくりぬき、形を整える。7. 足で押さえ、刃の鋭い鎌でおたまのカーブを丁寧に削る。8. 鉋をかけて、きれいにしてゆく。9. 仕上げに小刀で丁寧に「面取り」する。10. 滑らかでつややかな木杓子が出来上がった。新しい木屑に囲まれて微笑む米澤邦夫さん。

家では農閑期の仕事としてお父さんやお兄さんが木杓子を作っていて、その様子を小さい頃から見ていた。米澤さんが本格的に作り始めたのは、郵便局勤めを終えた60歳以降のことだ。畑仕事をやりながら、集中するときは朝8時から小屋にこもる。

米澤さんの右手のナタが躊躇なく操られ、見ている間に杓子の形になってきた。おたま部分と柄の境目も、ナタ1本できれいに整えていく。そして、壁にずらりと並ぶ、丸く弧を描く刃を付けた鎌のなかから、1本を選び取る。杓子を脚にがっちり挟み、おたまのカーブに沿って鎌の刃を滑らせる。シャッシャッと木をくりぬく音がじつに心地よい。「この作業が一番大事なところです」。最後に鉋を隅々までかけ、小刀で〝面取り〟をすると、香しくなめらかな木杓子が出来上がった。それは、穏やかな微笑みを絶やさない米澤さんのような、優しい味わいのある1本だ。

銅手打ちおろし金

切れ味実感！　機械には真似できない熟練技の目立て

◎大阪

おろし金の命は切れ味。小さな生姜をヒゲ1本残さずきめ細かく擂りおろせる気持ちよさを求めて、合田裕一さん（61歳）と息子の八郎さん（88歳）を訪ねた。

工場にはカンカンカンカンカン……とリズミカルで小気味いい音が響く。裕一さんがタガネを打って目立てをしている音だ。「昔はもっとスピードが速かったんですが、やっぱり年のせいでしょうか、遅うなってきました」と笑うけれど、それは機械で立てる目では決してかなわない切れ味を出す、熟練の技。

そしてその鋭い目を立てるためには、いい生地が必要だ。だから合田商店では、生地作りから、錫引き、仕上げまで、一貫して手作業で行なっている。

銅板から台切りと呼ばれる大きなカッターを使って生地を切るのは八郎さん。「トタンなどに比べれば銅は柔らかいです」とは言うものの、生地を100

枚、200枚と切り出すのはかなりの力仕事。細かなところはタガネで形を整え、1枚1枚生地を取る。

　そしてバフをかけて磨き、握り手の当たりを柔らかくしてから〝白目を引く〟。生地を熱して錫をのせ、溶けてきたところで全体になじませると表面が白くなるのでこう呼ぶ。

「うちではカット綿を束ねたのを使って素早く手で引きます。生地全体に均等に平らに引くことで、錆びにくくてきれいな表面になります」と八郎さん。そして再度磨きをかけ、いよいよ目立てだ。

　位置決めに引いておいた筋に沿って、裕一さんが一気に目を立てていく。機械の作り出す目は上下左右がぴたっと並ぶが、人の手で一つ一つ立てた目は微妙に不揃いになる。そのいい具合の不規則さこそが、切れ味を増す。そして見惚れるほどに美しい。

1. 大きな「台切り」を使って銅板を切り、おろし金の形にする。銅板の厚さは1.6～2mm。2. 「白目を引く」ために、まずガス火で銅板を熱する。3. 熱した銅板に、小さな玉にした錫をパラパラとのせ、とろとろと全体に溶けてきたら……4. カット綿を束ねたもので全体に錫をのばす。このときの見極めが大事。温度が高すぎると、錫はきれいにのびず、薄く均一に引けない。5. 白目を引いた銅板（右）は文字通り白く光って美しい。電気メッキではこのツヤは出せない。6. 再度磨いたらいよいよ目立て。位置決めの筋を引き、左から右へ、カンカンカンカン……とタガネの頭を金槌で叩き、1列一気に目を立てる。「東京の人は逆で、右から左へ、なんですわ」。目の大きさは金槌の力の具合で決める。7. 目立てを終えたおろし金を見せる合田裕一さん。8. 愛用の道具類。タガネの研ぎが大切。9. 一目一目が鋭く立って白く光る。

がんばれ！日本の職人さん

木曽漆器の曲げわっぱ弁当箱

◎長野

天然木の木地作りから漆拭きまで、一人で手がける

1．天然の木曽檜から、曲げわっぱの側面の板を、底のほうを0.5～1mm薄くなるように切り出す。寒い木曽で育つ檜は、目が詰まっていて粘りのある良い木材だ。2．1～2週間、木ばさみで留めて乾燥させておいた曲げの具合を見る。3．椹から蓋や底になる楕円の板を切り出す。側面に檜の板を付けることを考えて、横から見ると微妙に台形となるように刃を当てている。4．曲げた側面とぴったり合うように調整。

旧中山道に江戸時代の面影の残る町並みがつづく奈良井宿。そのほぼ中央に木曽漆器を手がける小島貴幸さん（50歳）の店がある。店の奥へと進むと檜《ひのき》の香りが強くなった。山の斜面に沿うように階段を上ると作業場だ。「昔は京都と同じように間口の広さで税金がかけられたそうです。だからこうして奥に細長い家の造りになったのでしょう」と小島さんが教えてくれた。

この辺りは名高い木曽漆器の産地。古くから、天然の檜や椹《さわら》などが豊かに産し、それらを使った曲げ物や日用雑器は、街道を行き交う旅人によって京都や江戸へ運ばれ広く知られていたが、明治になって、鉄分を多く

5. 漆塗りの作業を行なう工房にて。生漆をトレーに取り出す。生漆は漆の原液から不純物を取り除いたもので、透明に近い。6. 生漆を刷毛で木地に摺り込む。7. 摺り込んだら、和紙で拭き、摺り込んでは拭き、を繰り返すと、独特の美しいツヤが出てくる。8. 蓋の裏面や境目などの細かいところも丁寧に漆拭きを行なう。

含んだ「鋳土」という漆との相性抜群の粘土が産出されたことで、より堅牢で美しい漆器を多く作るようになった。小島さんの作る拭き漆の曲げわっぱの弁当箱も伝統的な木曽漆器である。

木屑がいっぱいの工房には、楕円形に曲げられた木枠がたくさん積まれていた。弁当箱の側面になる天然の木曽檜だ。そもそもどうやって堅い木を「曲げる」のか? 湯を沸かして蒸気で曲げ、木ばさみで挟んで1〜2週間乾燥させれば、その形を維持するのだそうだ。合わせ目には飯粒を押しつぶし練った続《そく》飯《い》糊を使い、薄く削った桜の皮で留める。つまりは糊も留め具も、自然のものしか使わない。

底や蓋には天然の椹材を使う。椹は伸び縮みが少なく、檜などと異なって香りがないため、弁当箱やお櫃に適している木材だ。小島さんは底板を手際よく切り出し、側面の楕円と合わせてみる。微調整を行ない、ぴったりはまった。「ひとつひとつ微妙

上／漆の工房で使う道具類。刷毛は人毛。穀物を主食とする東洋人の女性の毛髪が最上とされているとか。塗りへらを削る片刃の包丁（手前左）は「ぬしや」と呼ばれている。
左頁／木地作りの工場にて、出来上がった拭き漆の弁当箱を手にする小島貴幸さん。祖父の始めた店を守る３代目だ。

に違うので、合わせながらセットをこしらえるわけです」。手のかかる作業だ。

「漆のほうも見ますか？」、小島さんがおもむろに作業着を着替え、車に乗り込んだ。「うちはじいさまの代から蕎麦道具や丸ざるも作ってますが、私は漆から入ったのです」。本来木曽漆器は分業制で、木地作りと漆塗りは別の職人が手がけるのだが、小島さんの場合、木地作りも漆拭きもすべて一人で行なうのだ。

漆拭きの工房は、漆の施された床や壁がつやつやに磨かれている。天然漆の原液に松根油《しょうこんゆ》を混ぜ、刷毛で丁寧に弁当箱に摺り込んでは紙で拭く。こうすることで耐久性がぐっと上がるうえに、木地の木目が透けて美しい仕上がりとなる。「水分をほどよく吸うので、ご飯は腐りにくいし、冷めてもおいしいんです」。小島さんは木地を作る時にも増して、愛おしそうに目を細めた。

箕輪漆行

生活道具

贅沢でなくていい。むしろ質素に、清潔に気持ちよく丁寧に暮らしたい。竹のすだれ、トタンの米びつ、布のスリッパ……昔ながらの荒物は、そんな身の丈に合った生活の楽しみを思い出させてくれる。

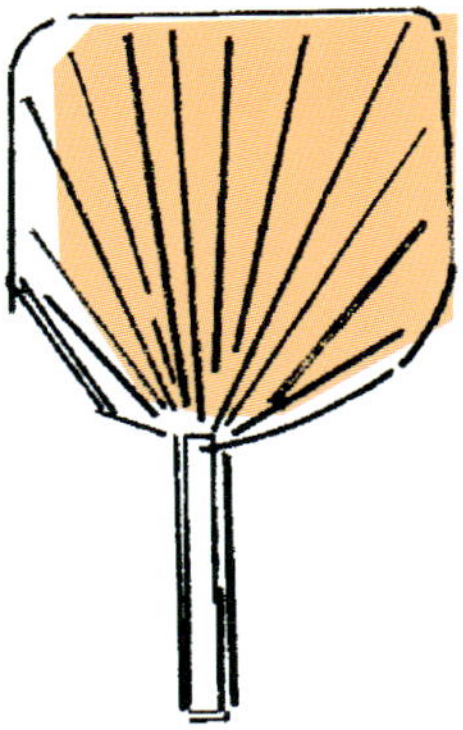

お風呂の道具

桶も風呂椅子もいつからプラスチックになってしまったのだろう。あのヒノキの香りや木の柔らかな肌触りが、また恋しくなってきた。

サワラ片手桶

家庭にシャワーが付くようになって、忘れられてしまった片手桶。たまには湯船から湯を汲んでザバーッとかけ湯をすれば、かなり経済的。径約14cm。徳島県。

ヒノキ石けん台

乾燥が早くて耐水性に富んでいるヒノキを使った、水切れのいい石けん台。何よりあの芳しい独特の香りが疲れを癒してくれる。約15×10×4.5cm。栃木県。

サワラ湯桶

伸縮が少なくて水気に強いサワラ材は桶に最適。本来風呂場にもってこいの木材だ。湯桶にお湯を張って顔を洗うという光景も今はほとんど見られない。氷をいれて野菜を冷やす、などの使い途のほうが一般的になってしまった。径約24cm。徳島県。

ヒノキ風呂椅子

プラスチックより断然ヒノキ。お尻に柔らかく、乾かしておけばいいので手入れも楽だ。風呂場の外では、ちょっとした踏み台にもなる。約29×18×20.5cm。栃木県。

本シュロマット

シュロの繊維が水分をさっと吸ってくれる。そのうえ弾力性があって風呂上りの足裏に心地よい。もちろん玄関マットとしても。約70×45cm（中）、約60×35cm（小）。和歌山県。

洗面所まわり

布スリッパを素足に履いて、馬毛のブラシで歯を磨き、アルマイトの洗面器に水をためて顔を洗う。そんな昭和30年代風な朝はいかが。

布ぞうりスリッパ

群馬のおばあちゃんが一足一足丁寧に作る、丈夫で履き心地の良いスリッパ。地元のスゲを温泉に浸けて柔らかくし、縄に綯って布を巻きつけてスリッパに編む。約24cm、約20cm。群馬県。

布ぞうり

こちらは佐渡島のおばあちゃんが編む布ぞうり。ワラに着古した襦袢などの布を巻きながら編んだもの。鼻緒の色あわせがかわいい。約24〜25cm。新潟県。[110〜111ページ参照] どちらも素足をやさしく包んでくれる。さらっとした感触が最高。

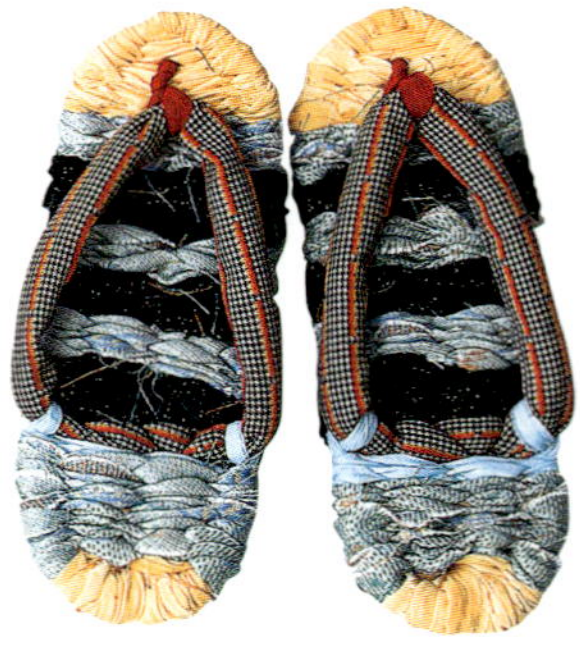

天然毛歯ブラシ

天然の馬毛を使った、懐かしい昔ながらの歯ブラシ。適度なコシで、歯茎に優しい。柄の長さ17cm。大阪府。

丸亀の渋うちわ

金比羅山参詣のお土産品として始まったという丸亀の渋うちわ。国産の竹と和紙、柿渋で作っている。丈夫で使うほどに色味が深まる。長さ約40cm。香川県。

アルマイト湯桶

懐かしい形の湯桶。丈夫で長持ち、汚れも取れやすく、プラスチックより衛生的。径24cm。大阪府。

アルマイト洗面器

一昔前までは、旅館のタイルの洗面台に置いてあった正統派の洗面器。タオルや手ぬぐいなどちょっとした洗濯もできた。径32.7cm。大阪府。

がまぐち

買い物かごにがまぐち一つ入れて、八百屋さんと魚屋さんへ。懐かしい夕刻の光景。クレジットカードは入らないけれど、あのパチンと閉める音が優しくて、がまぐちは今でも人気のアイテムだ。

牛革親子がまぐち

掌にすっぽり入る大きさで、中は仕切り付き。豊富なバリエーションから、自分好みの色を選べる。幅14cm。大阪府。

牛革ミニがまぐち

前頁のがまぐちより、ひとまわり小さくて中に仕切りはない。小銭しか入れられないから、無駄遣いをしないですむ。ランチに出かけるときはこれ一個で身軽に。また、寺社めぐりの際にはお賽銭を取り出すのにとても便利。幅8.5cm。大阪府。

会津木綿親子がまぐち

会津の地で生まれた、ぬくもりにあふれた風合いの木綿織物を使ったユニークながまぐち。カラフルで素朴な縞に惹かれる。幅15cm。大阪府。

右頁／庭の緑が透けて、目にも涼しいさつまのひごすだれ。孟宗竹から削った細いひごを使った鹿児島産のすだれは、虫にも強い。
間伐材の杉で作った収納箱。大小組み合わせられるのが魅力。36×72×24cm（大深型）、36×48×12cm（中浅型）、24×36×12cm（小浅型）など6サイズあり。栃木県。

トタンの収納ボックス。湿気に強く、米びつとしても衣装ケースとしても機能的だ。容量2kg、7kg、15kg、22kg、30kg、42kg。東京。［68〜71ページ参照］
左頁／北海道で製造しているタモ材のベンチ。軒先にちょいと置いて夕涼みに。素朴で飽きのこないデザイン。90×26×42cm。

手ぬぐいで
作ろう！

あずま袋ワークショップ

手ぬぐい１本から袋物ができた！　自分の手でものを作る喜びは格別だけど、
みんなで集まっての“ちくちくお針仕事”がこんなに楽しいなんて、初めて知った。

荒物雑貨に囲まれながら、針と糸を手に手ぬぐいを縫い始める参加者たち。みんな真剣な表情。講師の松野きぬ子さん(左)が折々にアドバイス。日本橋馬喰町の「ART＋EAT」にて。

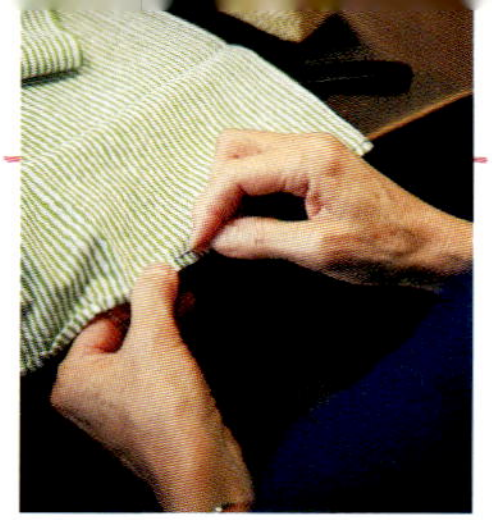

真夏の週末、日本橋馬喰町のギャラリー「ART+EAT」は熱気にあふれていた。バケツ、長靴、ジョウロ、タライ、かご、トートバッグが所狭しと並べられているかと思えば、箒やはたき、傘や帽子が天井からオブジェのごとく下げられている。はたまた、丸いちゃぶ台に厚口グラスや醤油差し、しゃもじやお櫃を載せた昭和っぽいディスプレイ。恒例の「松野屋の暮らしの道具展」である。会場内には〝マルシェ〟が立ち、自然栽培の野菜やお米の販売を行なっている。窓辺のカウンターに座ってのんびりランチの若者も。若い男女も中年男女も、独りものも二人連れも、みんな楽しげだ。

そんななか、午後1時に「手縫いでチクチク・ワークショップ　手ぬぐい1枚であずま袋を作ろう！」は始まった！　中央に置かれた大きなテーブルを囲んで、11名の参加者が顔をそろえる。机の上には色とりどりの糸や針山。

「さあ、まずはお好きな手ぬぐいを選んでね」。講師の松野きぬ子さんが優しく話しかけ、手ぬぐい各種が並べられたテーブルをわらわらと取り囲む。やっぱり古典柄がいいかなあ。縞、格子、雲、丸、波に千鳥もあるね。でも金魚とかトンボとかも可愛いね。いやいや、袋に仕立てるんだからシンプルな柄のほうが……。みんなあれこれ迷いながらも、けっこう潔く選ぶ。

きぬ子さんは松野弘さんと結婚して30年になる。「松野屋」専務を務め、家事や育児に追われていたあるとき、谷中の自宅近くに小さな空き家を見つけてきて、こう宣言したという。

「せめて休みの日はここで好きな縫い物や編み物をさせて」。

選んだ手ぬぐいを前に若干緊張の面持ちの11人に、きぬ子さんがにこにこしながら話す。

「これから手ぬぐい一本であずま袋を縫います。あずま袋というのは昔から日本にあるエコバッグみたいなもので、そのまま

●あずま袋の作り方

①手ぬぐいに裏表がある場合は、裏を自分の方に向けて縫い始めます。まず両端を5mm幅くらい内側に2回折り込んで、マチ針を打って、並縫いにします。見える部分になるので、わざと目立つ色の糸を使うのも良い。
②次に表を自分の方に向けて置き、図のように三等分にします。まず図中のあ1とあ2を重ねて半返し縫いで縫います。終わったらい1とい2を重ねて半返し縫いで縫います。
③縫い目を内側にして広げると、図のような形になります。持ち手になる部分の縁2カ所を①の要領でステッチふうに並縫いして、出来上がり！

3

お財布など入れて持ち歩いてもいいですし、かごの中のインナーにしてもいいですね。大丈夫、難しいことはなーんにもありません。ただまっすぐに縫うだけです」。すこしほっとしたのか、雰囲気が一気に柔らかくなった。

「まずは、手ぬぐいの両端を並縫いにしましょう。5ミリ幅くらい内側に2回折り込んで、マチ針を打って、まっすぐ縫うだけ」。出来上がりに見える部分なので、ステッチふうに目立つ色の糸を使ってもいいね、とのこと。いよいよ〝縫い〟の始まりだ。直線だったら軽い軽い。……と、なかなかまっすぐきれいには進まない。縫い目の幅もまちまちだ。いつのまにか肩に力が入りすぎている。周りに遅れをとってはいないか？　少しだけ焦って顔を上げたら、お隣の女性も、「うまくいかないですよねー」とタメ息。「いまはなかなか縫い物しませんものねえ」などと顔を見合わせ、互いに慰めあったりしていると、なんだか楽しくなってきた。

「慌てないでいいんですよ。ゆっくりやってね」。きぬ子さんが声をかけ、それから両端を縫い終わった人のもとへ行き、次なる作業を教えてくれる。「三等分にきっちり折って、まずはこことここを縫います。袋になった時、しっかり重さに堪えられるように、半返し縫いがいいかな」。なるほど。でも、半返し縫いって、どういうんだっけ？　という声があちこちであがり、隣同士、お向かいさんで、尋ね合ったり、縫い目を見せ合ったり。大きなテーブル全体が和気藹々としたムードに包まれていく。「先生、これでいいんでしょうか？」「どれどれ……」。きぬ子さんが、ふうわりふうわりと、机のまわりを歩く。みんなで集まって縫い物をしているだけなのに、とても心地よい。もしかしたら昔のひとたちも、こんな気分が好きで、寄り合って縫い物をしたり機織りをしたりしたのだろうか。

「何色の糸にしよう?」

「こっちの色も合うんじゃない?」

「ここが最後。
もう少しで完成ですよ」

「うーん、悩むなあ。
どの手ぬぐいに
しようかな」

「先生、
ここはこれで良いですか?」

「上手に縫えてますね♪」

「鎖編みって、
どういうふうにするんだっけ?」

「わあ、こんな形になった!」

半返し縫いの2カ所が終了すると、あら不思議、すっかり“袋”になっていた。あとは、持ち手になる部分の縁2カ所を初めと同じように5ミリ幅に折り込んで並縫いすれば、出来上がりだ。お好みで、真ん中を閉じられるようにボタンと鎖編みにした刺繍糸をつけても可愛い。

「できた!」。2時間ほどで、11人全員が無事ゴール。「あら、夏らしくていいねえ」「やっぱりこういう柄もいいなあ。今度また作ってみよう」「手ぬぐいとボタンの色合わせが素敵じゃない」。互いに見せ合って批評するのも楽しい。

手ぬぐい一本でできるあずま袋を最初に考えたひともすごいけれど、それを続けてきた日本人の知恵にも感心する。そして、縫い物はひとを素直に優しくする。きぬ子さんの軽やかなあたたかさも、きっと縫い物をしている時間にはぐくまれてきたのだろう。

自分の“作品”を手に、
みんなで記念撮影。
おつかれさまでした!

完成!

いとしのざる・かご 2

かごのなかでもかごバッグは、素材も形もさまざまで、永遠の人気アイテム。買物に、お出かけに、季節を問わずに活躍してくれる機能性抜群のかごバッグを紹介しよう。

籐買物かご

明るい色の籐のバスケット。ころんと丸いフォルムがかわいらしい。お母さんの買物のお供だった、懐かしいかごだ。約34×26×18cm。新潟県。

篠竹買物かご

右のかごと比べると編み目が少しざっくりとしている。日々の買物に使って、経年変化を楽しみたい。約34×12×23cm。岩手県。

篠竹特上買物かご

きっちりと目の詰まった、上手のかご。作り手の熟練の技と心意気が感じられる美しさだ。約29×13×22cm。岩手県。[64〜67ページ参照]

篠竹市場かご

市場を忙しく行き交う商売人たちが手にしている、その名もずばり「市場かご」。風通しが良くて水に強く、大容量。まさに機能美を備えた日本のかごだ。市場に限らず、いろんな使い途がありそうだ。約45 ～ 48×25 ～ 27×29cm（大）、約40 ～ 42×22 ～ 24×26cm（中）、約35×16×21cm（小）。岩手県。

あけび楕円一本手かご

腕にかけて持つ、おしゃれでシンプルな形。買物かごというよりはお出かけ用。約35×18×21cm。青森県。

あけび織編手提かご

丸みのあるやわらかなフォルムが美しい。開口部が広くて使いやすい。約37×15×24cm。青森県。

あけび並編正方形手提かご

あけびは東北地方に広く自生する落葉樹で、その硬い蔓をつかった細工物が古くから作られてきた。あけびのかごは耐久性に富んでいて、使い込むほどに艶を増す。編み方も形も多彩でシックな色合いのあけびのかごは、女性たちに根強い人気がある。すべて青森の職人さんが良質な三つ葉あけびを素材に、ひとつひとつ丁寧に作ったかご。約34×14×27cm。青森県。

いとしのざる・かご 2

あけび朝顔型手提

これもシンプルで持ちやすいタイプ。あけびのかごは丈夫で長持ち。大切に長く使いたい。約40×19×28cm。青森県。

いぐさ買物かご

ビンもの、缶もの、重いものもへっちゃらの頼もしさがある。岡山県で栽培している畳表用のいぐさを縄に撚って、織り機にかけて織物のように織ってこしらえている。昔から普段使いにされてきた、日本人には馴染み深いかごだ。約41×10×29cm（大）、約28×10×23cm（小）。岡山県。

がんばれ！日本の職人さん

市場かごなど ◎岩手

材料も腕も超一級。竹細工の里の美しいかご作り

岩手県北部はかごの産地として名高い。このあたりに自生する良質なスズ竹（篠竹）を材料にして、農閑期に農具や日用品としてのかごやざるが編まれてきた。スズ竹の細やかな目が揃ったかごバッグは、全国のかご好きの心をとらえて離さない。

野中タカさん（84歳）はこの道60年以上。小さい頃からお母さんのかご作りを見て育った。熟練の技で、軽くて美しいかごや箱を編み続けているタカさんを、夫の博さん（90歳）が材料作りなどで支えてくれている。

タカさんの指先が、薄くて細やかなスズ竹の長いヒゴを、1本1本編み込んでいく。指の動きがなめらかであまりにも速くて、縦のヒゴと横のヒゴをどこでどうしているのか、端で見ていてもよくわからない。折々に尖った竹ひごで編み目を詰めては整える。時折、ものさしを当てて寸法を計る。そして小一時間もたたないうちに美しい網代編みの「面」ができた。これがかごの底面となる。

そして、「面」をいよいよ「立体」に立ち上げる。それがまた圧巻！ かごの底辺になるところをぎゅっと折り曲げ、膝に抱えると、「面」から余らせて編まずにおいた何本ものヒゴ

タカさんが編み、博さんは材料のスズ竹の幅を揃える作業中。夫婦になって64年、仕事の呼吸もぴったりだ。

1. 台に付けた刃でしごくようにして、スズ竹の幅や厚さを一定に揃える。
2. 博さんが小さな箱の縁を編む。縁に使うのは真夏に山から切り出した柔らかなスズ竹。

3. タカさんがナタでスズ竹を裂き、１本から同じ幅の４本にする。手の動きに全く迷いがない。4. 竹を薄く平らにする作業。膝の上のナタを動かさず、左手で竹を引く。「これが難しいんだけど、材料を良くすればするほど、いいものができるからね」。5. 細いひごで編み目を詰め揃える。6・7. かごの底となる部分をものさしで計る。１尺（約30cm）取れたら、底辺に折り目を付けて、いよいよ側面を立ち上げて編むのだ。8. 編み込んで作られた底の「角」。

を、さっさとさばいては編み、見事な「角」を作り出していく。魔法にかけられたようだが、タカさんは眉根一つ動かすことなく、穏やかに淡々と指先を動かしている。

「材料がつるつるしてるから、編み目をぎゅっと詰められるのですよ」とタカさん。材料の善し悪しは、製品の善し悪しを決めてしまうほど大切だという。

その材料のスズ竹を切り出してくるのは博さんの役割だ。「自然の竹だからね、とくに夏は山の中はアブとか蚊とかすごいから大変だよ」と言いつつ、タカさんの隣で材料のヒゴ作りにいそしむ。博さんは国鉄の職員として定年まで勤め上げてから始めたので、竹細工の道ではタカさんの〝後輩〟。「お母さんに教わって、材料作りも3年かかったよ」。博さんの柔らかな声が、作業場をなごやかに包む。

タカさんも材料作りを見せてくれた。膝にデニム生地をかけ、右手で持ったナタの刃と人差し

右／タカさんの編み出した網代の目の、なんと美しいこと！　左上／竹の節を取るナイフや鋏など、きちんと手入れされた道具。下の板は、かごの寸法を記した設計図のようなもの。左下／編みかけの小箱。小さなものも大きなものも丁寧で上品な作り。左頁／作業場の野中博さんとタカさん。タカさんはその竹細工の熟練の技で数々の賞を受賞している。

指の間に竹ヒゴの柔らかさを差し入れ、指で竹ヒゴの柔らかさを確かめながら、「お腹に力を入れて」、左手でしゅーっと引っぱる。手でこすることで竹の油が出てつややかに光る、薄くて平らで幅の等しい材料ができあがるのだ。「夜は材料作って、昼は編む」というタカさん。一日ずっと働きづめでお疲れにならないのでしょうか？　と尋ねたら、「仕事しないほうが肩こりします」と穏やかに微笑む。

国家試験による指導員の資格も持つタカさん。若い後継者たちにも、その技と心意気がきっと伝わっていく。

がんばれ！日本の職人さん

トタンのボックス

トタン製造の火を消さない！
下町の工場の名人芸

◎東京

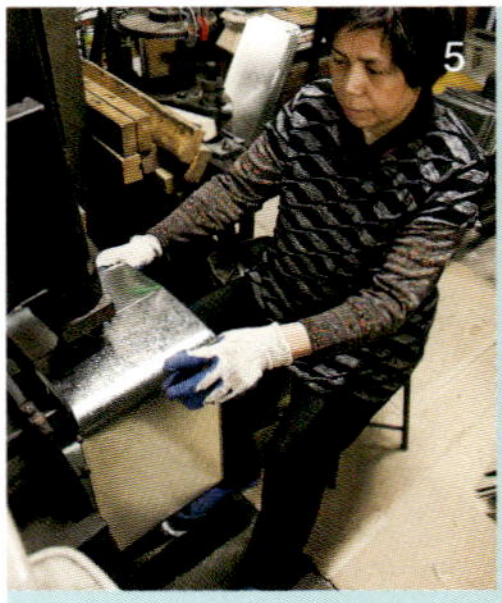

1. バッタン、バッタンと重たい機械「バッタ」で箱の胴にするトタン板に溝をつける。2.「ロール」をくるくる回して、板の溝に補強のための針金を通す。3・4. 万力の棒を使って、箱の胴板の角を作る。2枚1組の胴板を同時に、まず手曲げにして、木槌で叩く。5. 胴に把手を入れる穴を開ける。とくに“アタリ”は付けていない。「だいたいね。目見当です」と笑うけれど、ほぼ狂いはない。6.「巻き締め機」を操って、底板を付ける。7. 6で開けた穴に把手を付ける。

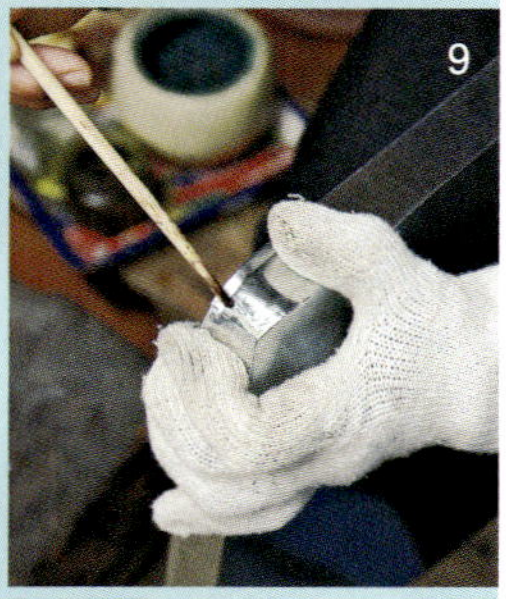

8〜12. 八代子さんによる蓋の角のハンダ付け。「昔は炭を山盛りにしてやったもんだけど、今はガス火で」コテを熱する(8)。蓋の角の縁に塩化亜鉛を付け(9)、すぐに拭き取る(10)。すぐに拭かないと酸化して白くなってしまう。熱したコテでハンダ付けすると(11)、角がぴったりと付けられた(12)。13・14. 隆司さんによる角の仕上げ。柳刃の金切り鋏を使って、折りしろ(叩きしろ)を丸く少しだけ残して、上板の角を切り落とし(13)、万力を使って折りしろを金槌で叩き(14)、きれいな角を作り出す。

頑丈で、密閉性が高くて、錆びにくいトタンの箱。米びつや衣装ケースなどのトタン製品は、ずっと日本の家庭で重宝されてきた。かつて東京の墨田区や台東区に多く建ち並んでいた町工場は活気にあふれていたが、昭和30年代を境にプラスチック製品にとって代わられ、トタン製品は使い手も作り手もどんどん減ってしまった。

しかし、そんな危機的状況を跳ね返して、正月返上の忙しさに明け暮れるトタン製品の町工場が東京の下町にあった！　先代が始めた仕事を継ぐ近藤隆司さん（64歳）は、いまや日本でトタンの米びつを作れる数少ない職人さんの一人だ。6年ほど前からは奥さんの八代子さん（63歳）と二人三脚でがんばっている。

二人は仕事を分担し、機械や道具の間を軽快に動き回っては、てきぱきと仕事をこなす。阿吽《あうん》の呼吸というのがぴったりだ。「主人は何にも教えてはくれな

右2点／鋏、コテ、金槌、木槌など、近藤さん夫妻が大切に使い続けている道具類。作る箱の大きさによって、道具もいろいろな大きさが揃えてある。左頁／自慢のトタンボックスと近藤隆司さん、八代子さん。会話の途絶えることのない仲良し夫妻だ。

いからね。失敗もしながらじゃないと覚えられないよ」と八代子さんは人なつこい笑顔を見せる。「バッタ」や「ロール」と呼ばれる重い機械を操って、裁断したトタンの板に溝をつけたり、針金を巻き付けたりする。素早い。

「主人は腰に来ちゃってるから、これはあたし専門になっちゃったのよ」。八代子さんはぶつぶつ言いながらも、ご主人の体をいたわっているのがよく伝わってきて微笑ましい。

ご主人の隆司さんは、にこにこしながら〝名人芸〟を見せてくれた。万力の前に立って、八代子さんが針金を巻いた胴板（本体の側面になる板）を、万力の鉄棒の丸みを使って2枚を同時に手で曲げ、それを噛み合わせて木槌でカンカンと叩くと、あっという間に胴1セットが出来上がった。

そのあと、大きな「巻き締め機」を使って底板を付けるのも、隆司さんの役目。1セットの胴と底板を土台に載せ、カランカランと大きな機械音をたてて廻しながら、巻き締めるようにして底板をきっちりはめる。「これはね、最初の〝バッタ〟が重要なの。少しでも溝が狂ってると、底はうまく付かないよ」と隆司さん。八代子さんの仕事ぶりをねぎらう。

近藤さん夫妻の作るトタンの箱は、収納ボックスとして絶大な人気を得ている。米びつにネームホルダーを付けて収納ボックスとしたらどうだろう、と発案したのが松野さんだ。胴の正面に名札を入れる枠を取り付けるというひと手間をかけてもらうことで、一度は絶滅しかけたトタンの米びつが生き返ったと言えよう。

高い機能性とシンプルなデザインは昔から何も変わってはいないのに、創意工夫や使い方で生まれ変わる。生活用品というものは、ほんとにおもしろい。

掃除道具

ほこりを落として、ちりを掃いて、水拭きして……日本人があたりまえに行なってきたお掃除のしかたは今や昔。すっかりスタイルも道具も様変わりしてしまった。しかし、電気要らず、身体を動かすだけできれいにできるシンプルな道具が、静かに見直されつつある。

洗濯の道具

金だらいに洗濯板を置き、固形石鹼でゴシゴシ洗う。きれいにすすいで、力いっぱい絞ったら、洗濯物を広げて竿に干し、パンパンッとたたく。ああ、洗濯って気持ちいい。

日本のトタンたらい

一枚のトタン板を叩いて叩いて、この形に叩き上げる。職人技がこしらえる昔ながらの頑丈なたらい。径47cm、高さ10cm。大阪府。

日本の洗濯板

たらいにこの板を斜めに置き、水に濡らした洗濯物を押し洗いすると、板の溝にたまった石鹼水が出入りすることで汚れが落ちる。そのために、何本もの溝が下にゆるくカーブを描いて彫られているというわけだった。長辺約39cm（M）、約32.5cm（S）、約25.5cm（ミニ）。静岡県。

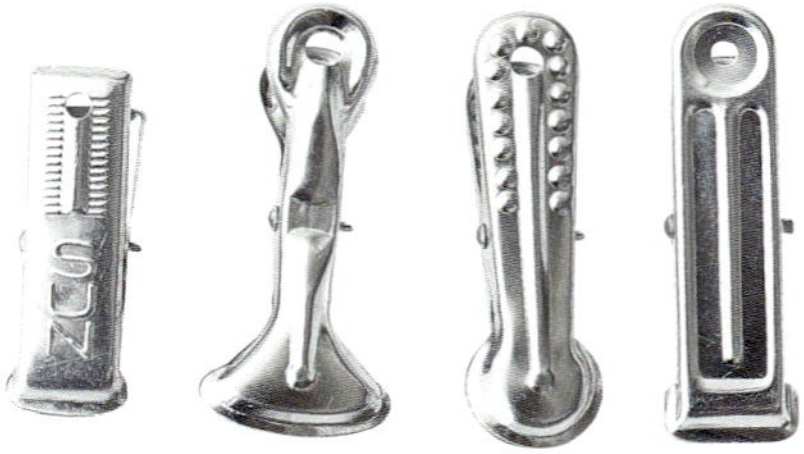

アルミピンチ 4 種

懐かしい洗濯ばさみ。アルミ製なので丈夫。プラスチックのように割れる心配がない。長辺約5.5cm。東京都。

箒とはたき

家中の窓を全開にして、はたきをかけて箒で掃く。狭いところも家具の後ろも箒の幅さえ入ればきれいになる。長く使える。私たちの暮らしにずっと寄り添ってきた道具、大切に伝えていきたい。

和ぼうきはまぐり型

生産地・栃木県鹿沼市周辺で昔から編まれている形。柄の付け根をはまぐりのようにぷっくりふくよかに膨らませた「はまぐり型」。前後がわかるように「耳」も付けてある。掃きごこちや機能性は東京型もはまぐり型も同じ。長さ約91cm。栃木県 。[同右]

和ぼうき東京型

一本一本丁寧に手作りされた箒はなんとも床のあたりが柔らかく、小さなチリも逃さない。きっちりと編まれた箒草は抜け落ちることもない。すっきりとしたシルエットが特徴の「東京型」。長さ約88cm。栃木県。[84 ～ 87ページ参照]

シュロぼうき

細くしなりのあるシュロの繊維は、板の間やフローリングの掃除に最適。シュロの油で床に艶が出るとも。長さ約74cm（短5ツ玉）、約122cm（長7ツ玉）。和歌山県。

和ぼうき中

竹の柄を付けない分、75ページの箒より少し短い中型。長さ約60cm。栃木県。

シュロ豆ぼうき

シュロたわし［28 〜 29ページ参照］同様、細かなところのチリもしなやかに掃きだす優れもの。長さ約15cm。和歌山県。

群馬小ぼうき

コンパクトサイズの便利な箒。机の上や玄関先など細かなところのお掃除に。長さ約44cm。群馬県。

ぬいご小ぼうき

稲ワラで作ったミニ箒。佐渡島では稲の穂のなる芯を「ぬいご」と呼ぶ。パンくずや消しゴムくずの掃除に便利。長さ約23cm。新潟県。

和小ぼうき

こちらは栃木産の小箒。群馬の小ぼうきよりちょっと小さめ。蕎麦打ちで出た粉を掃くのにも重宝がられるとか。長さ約34cm。栃木県。

羽二重はたき

かつてどこの家にもあった一般的なはたき。羽二重絹がやさしく確実にほこりやチリを払う。実に軽い！　長さ約74cm。石川県。

シュロはたき

高いところも楽々お掃除。柔らかくてしなやかな繊維が、細かなほこりも逃さない！　長さ約80cm。和歌山県。

はたきはまず高いところからかける。パタパタとはたくようにしてほこりを落とす。箒は畳の目に沿って掃く。そうすれば、すっきりさっぱりきれいになる。

ちりとり バケツ

基本的にゴミを集めるだけなのに、使う場所や用途でいろんな形を考案した、先人の知恵と工夫にあらためて敬服。バケツは無駄のないシンプルな形で頑丈なのがいい。拭き掃除も楽しみになる。

トタン文化ちりとり

素朴でシンプルなちりとり。握り手は鉄棒を曲げたもので、場所を取らない。27×21×3cm。大阪府。

[88 ～ 91ページ参照]

フタ付ダストパン

家の軒先や店先など屋外で使う。地面において持ち手を引き上げれば蓋が開き、腰を曲げずにさっさとゴミを取り込める。持ち手をおろせば蓋が閉じて集めたゴミをこぼさずに移動できる。28×29×63cm。大阪府。

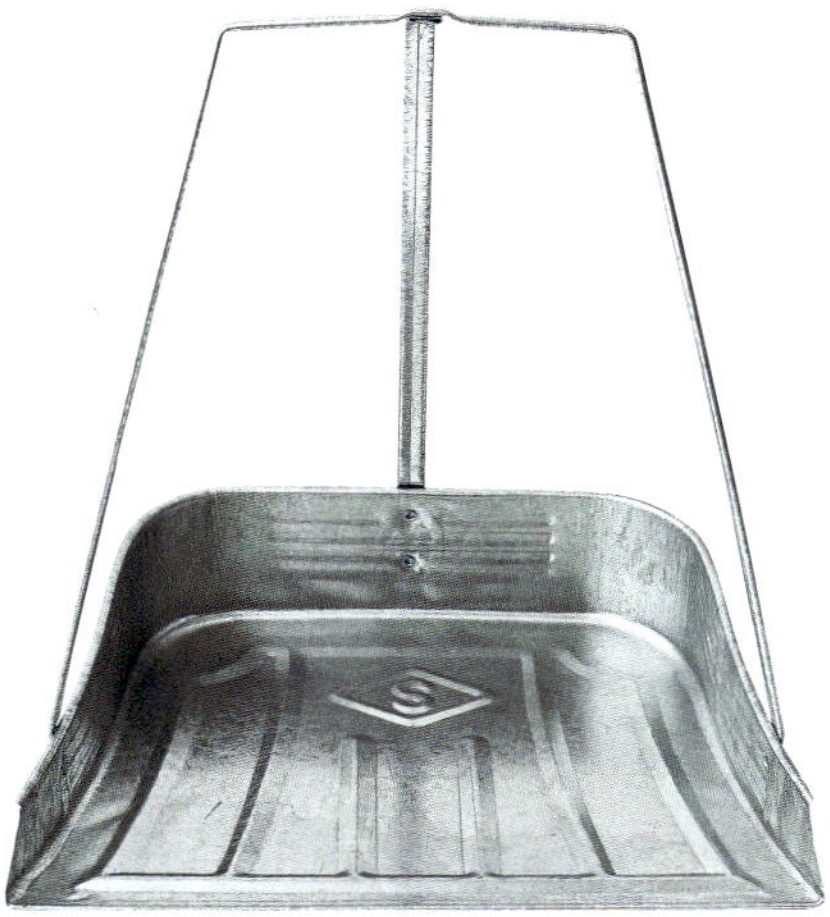

トタン三ッ手ちりとり

多少重いゴミでもしっかり集められる頑丈さ。35.6×28.3×40.7cm。大阪府。

東京ちりとり

右の文化ちりとりを大阪型と呼ぶなら、こちらは東京型か。持ち手は棒ではなく型で抜いた板。ブリキ製。28×44.5×2.5cm。東京都。

トタントラッシュボックス

ネームホルダー付き。事務所内などで活躍する。かさばる紙ゴミもなんなく収めてくれる。32×26×40cm（大）、30.5×24×28.5cm（小）。東京都。

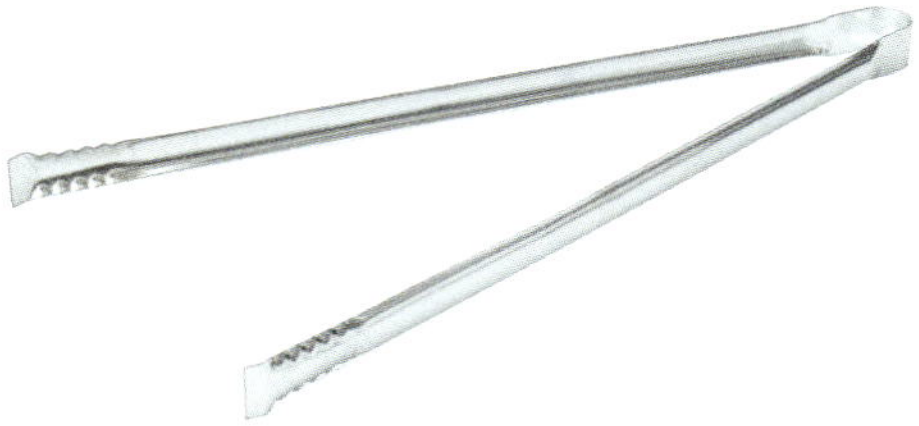

トタン万能バサミ

ちりとりとセットであると重宝する。ひょいっとつまんでちりとりへ。長さ45cm。大阪府。

ゴム手バケツ

握り部分がゴム素材。寸胴な形でより安定性を高めた。工事用の砂や砂利など重いものにも対応。径29cm。大阪府。

メタルペール缶

トタン製で頑丈、外に置いても錆びにくく、熱や衝撃にも強い44リットルの大容量。ゴミ箱としても、収納ボックスとしても。43×38.5×50.5cm。大阪府。

木手トタンバケツ

握り部分が木製で、掌が痛くなりにくい。“タガ”を底にはめることで、安定性と強度を増している。径31cm（M）、29cm（S）、20cm（XS）。大阪府。[88～91ページ参照]

丈夫で長持ち。使えば使うほど
味の出るバケツ。ひしゃくで水
遣りも楽しい習慣となる。

がんばれ！
日本の
職人さん

和箒 ◎栃木

作り続けて60年余、
夫唱婦随で生み出す美しいかたち

栃木県はむかしから座敷箒の産地として知られていた。材料にする箒草を農家が自家栽培して、農閑期に箒作りをする家も多かったという。しかし昭和30年代以降は掃除機に押され、箒の作り手もめっきり減ってしまった。「寂しくなりましたけれど、箒を使う若い人が、また最近は増えているそうですね」と笑顔を見せるのが、荒木時三さん（83歳）と妻のトクさん（85歳）。夫婦で60年以上、座敷箒を作り続けている。

　この土地に伝わる座敷箒で特徴的なのが「はまぐり型」と呼ばれるもの。柄と箒の継ぎ目の部分をぷっくりと、ハマグリのような形に編み上げたものだ。荒木さん夫妻は「はまぐり型」をはじめ、相撲の土俵でも使われているスマートな「東京型」や、机の上や車の中を掃くのにも便利な小箒なども手がけている。

　終戦後、時三さんは17歳で箒作りを始めた。「当時は仕事が何もない時代で、親方さんのところで箒でも習いな、ということで年季奉公に入ったんです」と振り返る。修業の間には途中でやめてしまう仲間も多かったが、時三さんは「やっぱり要所要所を習っとかないと」とふん

右／荒木さん夫妻の箒作りの道具。重くて硬いケヤキの台、木槌、手動ドリル……。研いで研いで刃が短くなった小刀は、もう60年以上使っている。「使い慣れた道具ってのは手放せないんですよ」。左／はまぐり型の箒の横には、ぽこっと飛び出した「耳」を付ける。「前と後ろを間違わないための目印」とか。

1. 時三さんが材料の箒草を1本1本吟味する。1本の箒を作るのに、表面に出る皮ガラ26本と中に入れる芯草20本程度の箒草が必要。2. 茎を木槌で叩いて合わせやすくする。3. “はまぐり”の中に入れる“かんざし竹”を作る。「ヒマをみちゃこれを作っておくんです」と時三さん。

4. 少しずつ箒草を束ねては、茎の余分な部分を鋭い小刀でカット。5. 束ねて針金で巻く作業はかなり力が要る。6. 焼いた竹にニス引きした柄を箒草の中に差し込む。頑丈な箒の形ができてきた。

ばって3年ほど奉公し、腕を磨いた。20歳で結婚して独立すると、夜も昼もない忙しさ。箒が飛ぶように売れて、年度末の3月は納品で寝る間もなかった。「箒屋さんてのは、なんでこんなに忙しいんだろう」とお隣、群馬からお嫁に来たトクさんは驚いたというが、ずっと夫婦二人三脚でやってきた。

　仕事は分業で、土台づくりを担うのは時三さん。箒草の〝皮ガラ〟と〝芯草〟を1本1本、付けては編み、形を見ながら木槌で叩く。「この〝はまぐり〟にするのが難しいんですよ」。時三さんの手に力が入る。ぎゅっと束ねた箒草に柄竹を差し込み、継ぎ目の部分に細く短く削った〝かんざし竹〟を何本も詰め、木槌でトントン叩く。「ほら、ふっくらするでしょう?」。たしかに丸みを帯びたぷっくりとしたはまぐりだ。「こうすることで柄が抜けにくくて丈夫な箒になるんです」。

　そして針金で編むのはトクさ

1. 時三さんが、作っておいたかんざし竹をあんこに入れたり、木槌でたたいたりして、"はまぐり"がふんわりとふくらむように形を整える。2. そうしたら次はお母さんの出番。お父さんが作った土台に細い針金を巻きながら、美しい"はまぐり"に編みあげていく。3. 柄との接合部分もきっちりと、美しく、巻いていく。

んの仕事。手早くキリリと針金で編み込んでいく。はまぐりは、細かな編み模様がほどこされて、まるで粒の揃ったぴちぴちのトウモロコシのように美しい。それでもトクさんによると、「今まで作ってきて1本とて満足できたものはないんですよ」。

今日も夫婦揃って作業場に座る。「この年で、二人で箒を作って、孫やひ孫にお小遣いをあげられるんだから。それが何より嬉しいですね」。荒木さん夫妻の穏やかな人柄が、ふっくらとしたはまぐりにあらわれている。

荒木時三さんとトクさん。時三さんは栃木県伝統工芸士。「二人で4本できるからといって、一人で2本できるかっていうと、そうはいかないんです。なぜですかね、不思議ですね」。

がんばれ！
日本の
職人さん

トタンのちりとり

頑丈で使いやすい実用品を作る。
これぞプロの矜持

◎大阪

1・2. トタンのバケツの“ガワ”を、型で抜く作業。3. 文化ちりとりの底面になるトタン板を、1枚ずつ機械に通すと、縁が折れ曲がって出てきた。4. それをプレスにかける。ちりとりらしい高さや筋が付けられ、ブランドの「ヒシエス」マークもここで入る。

ガッチャン、ガッチャン、ガッチャン。ガラガラガラ。金属をカットする音、プレスする音、ベルトが回転する音。大きな機械音が響くなか、作業着姿の男たちが規則正しくきびきび動く。ここでは大正12年の創業以来、タライやバケツ、湯たんぽやちりとりなど、主に亜鉛鉄板の実用品を作り続けている。モットーは「必要な時に必要なものを必要な数だけ間にあわす」。まさに端的にもの作りのプロとしての矜持があらわれている。

この日は文化ちりとりとバケツの製造を行なっていた。大きなトタン板からバケツのガワ（側面）を型で抜く人、手を切らぬよう切断部を丸める機械に1枚1枚ちりとりの板を通す人、ブランド名の「ヒシエス」印をちりとりに型押しする人、穴を開ける人……。「うちとこは1

5. 1枚1枚足で踏んで動かす機械を使って、4で型押ししたものの周りに出た“耳”を落とし、余分な部分を捨てる。6. 握り手を取り付けるための穴を、立ち上がりの部分に2つ開ける。7. 別の機械で、底面にも2つ穴を開ける。8. 握り手を取り付ける。9. ゴミを受ける先端部分をきれいに仕上げる。もちろん、これら以外にも数多くの工程があって、文化ちりとりが完成する。

個1個〝手作り〟というわけではなくて、機械を使って流れの中でやってます。昔はハンダ付けならこの人という専門職もおられましたが、今は基本的に作るものによって、違う場所で違う仕事を担当することもします」と営業部の市原さんが説明してくれた。〝手作り〟ではない、と言っても、やっぱり人間の手と目が勝負だ。それぞれ個別の工程を受け持つにしても、全体の流れと自分の役割をきちんとつかんで、丁寧に正確に機械を駆使してバトンを次に渡さないと、最後に微妙に形があわなくなったりして、決して品質のいいものは作れない。

それにしても工程の多いことに驚く。たとえば、文化ちりとりは、握り手の取り付けだけでも3工程ある。市原さんが「オヤッサン」と呼ぶ、ベテランの上田さんがやってみせてくれた。角の立ち上がった部分に2つの穴を開け、先に開けた2つの穴とあわせて握り手を取り付け、

上／工場内には、フタ付ダストパン（80ページ参照）の本体が重ねられ、ピカピカと輝いて完成を待っていた。これに持ち手が取り付けられて、出荷される。左下／バケツの底にはめる“ワッパ”を丸める。右下／“ワッパ”をバケツに取り付ける。これも頑丈なバケツにするために、一つ一つ手をかける作業だ。左頁／完成した文化ちりとりを見せる、ベテラン職人の上田さん。細部に工夫と手間がかけられた、機能的で美しい実用品だ。

最後に一定の角度にきちっと曲げて仕上がり。最初の穴とずれてしまうと、握り手の鉄棒がうまく入らず、斜めになってしまう。「機械を使いながらも、僕らは手でやるからね。ある程度目測。後から微調整をしたりして、ぴたっとまっすぐに合わせるんです」。

また、バケツの底に取り付ける、〝ワッパ〟と呼ばれるタガにも注目したい。底にワッパをはめることで安定性が高まり、強度も増し、底も傷つきにくくなる。このワッパを作るだけでも、細長い板を切り抜き、両側に穴を開け、丸く巻いて留めて、筋を入れて……。そして手でワッパを取り付ける。

工程数が増えれば当然、手間も時間もコストもかかる。それでも品質を上げることで他との差別化はかれるし、使い勝手のよさで選んでもらえる。「こういう手間をかけてるところに、なにか味も出るのかなあと思います」、市原さんが微笑んだ。

作業道具

庭仕事や土いじりなどのアウトドアの道具は、自分の手足となって働いてもらうものだから、タフで、使い勝手がよくて、飽きのこないデザインでなくてはならない。そして作業が待ち遠しくなるような。

水まき庭仕事

熱や水、温度変化にじっと耐えてくれる、なにより安全で機能的なものを追求していくと、スコップもゴム長も、自然に美しさを帯びてくる。

鉄十能

もともとは炭や灰を運ぶための道具。囲炉裏や石炭ストーブなどに使う家庭の必需品だった。小さめのスコップとして庭の土運びなどにも使い勝手がいい。長さ57.5cm。日本製。

トタンひしゃく

水汲みや、庭の植物や軒先の水まきに、昔は必ず家に常備していたひしゃく。錆は大敵、清潔を保ちやすいトタン製がいい。長さ49cm。大阪府。

トタンジョーロ

4リットルの水が入る。重くはなるが、水切れ、耐久性、姿かたち、どれをとっても良い。長さ58cm。大阪府。

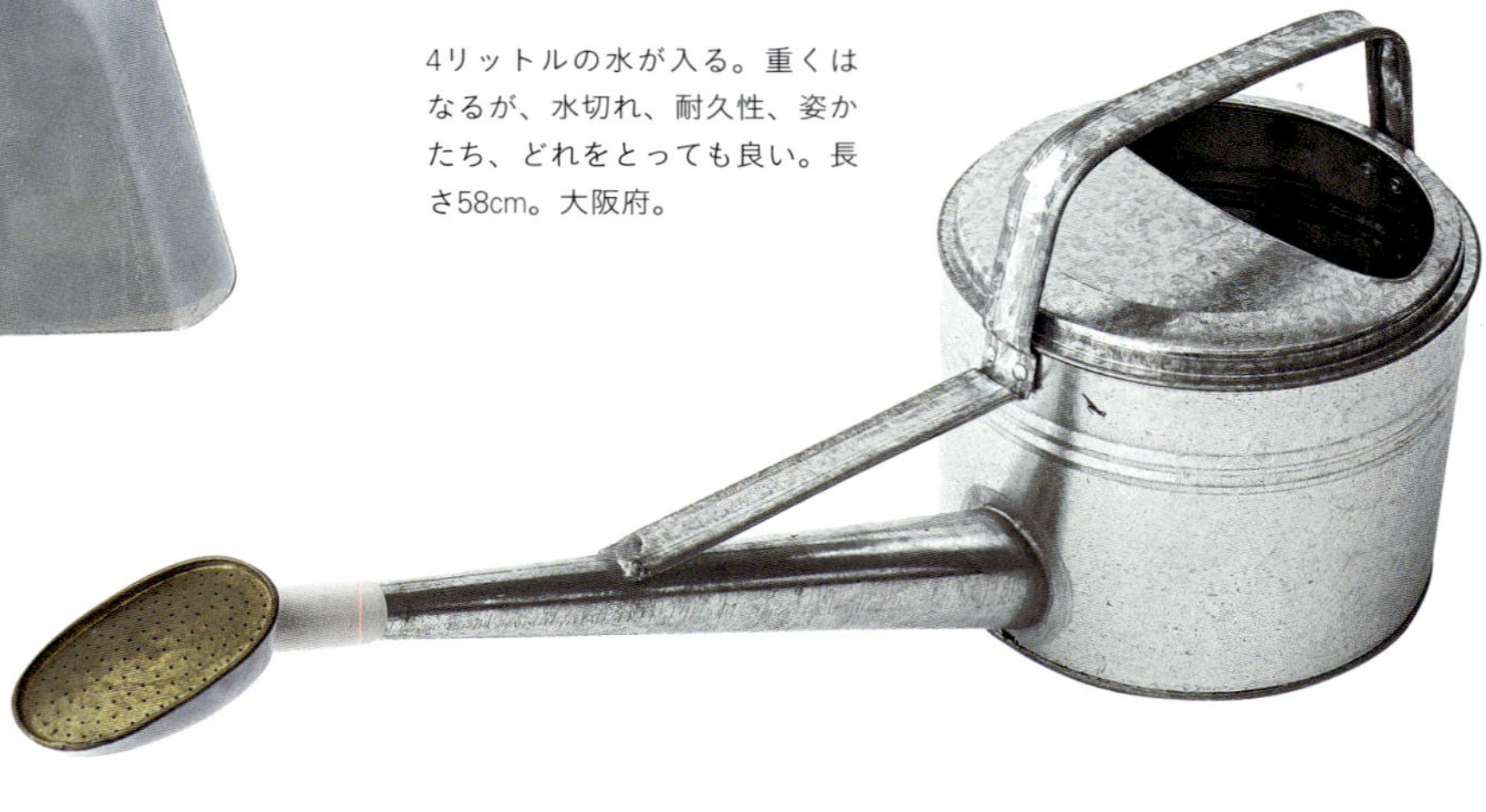

ステンレス小型スコップ

こちらの小ぶりのスコップは、元々はストーブ用。コークスをくべるのに使った。長さ43cm。大阪府。

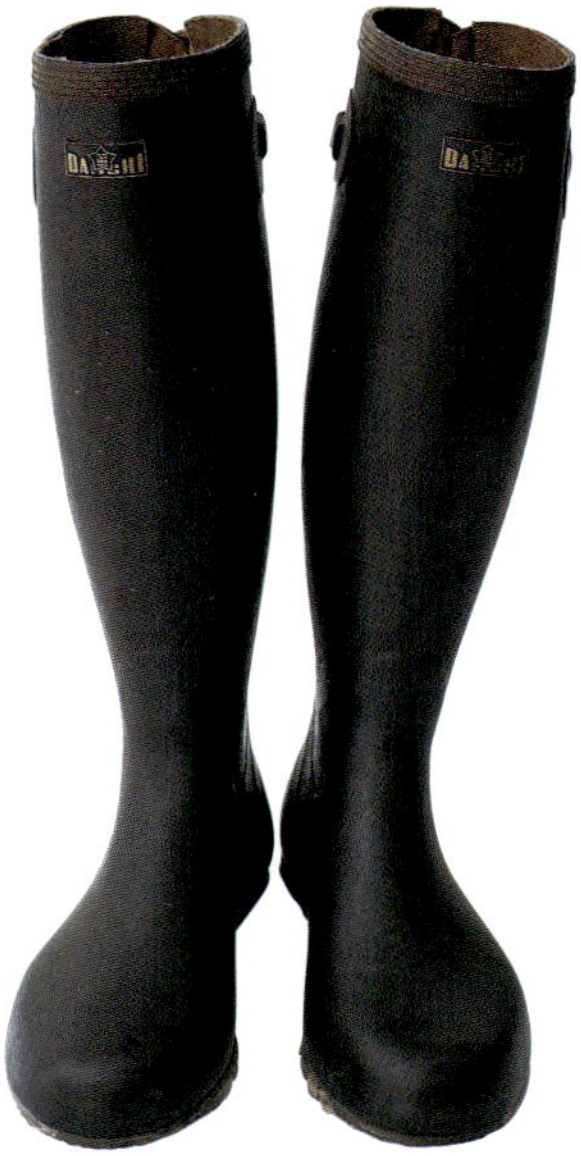

ダイイチゴム長靴

こちらは農作業用。田植えのときにも脱げにくい、バックベルト付き。細身のデザインで軽いので、ガーデニングはもとよりタウンユースにもばっちり。23～27cm。北海道。

ハト印ゴム長靴

漁業従事者用、工事用に製造。天然ゴムを工場で練り合わせて、生地をとって型に貼り合せて作る、手間の掛かった頑丈でかっこいいゴム長。24～27cm。兵庫県。

カイバ桶

その名のとおり本来は牛馬の飼葉（飼料）や水を入れる道具。畜舎の入口に吊るして与えた。トタン製で丈夫、シンプルなデザインなので、野外でガーデニング道具などを入れても、屋内でマガジンラックや食料品ストックなどとしても役立つ。径46cm（大）、35cm（中）、29cm（小）。北海道。

底のしっかりした履きやすいゴム長靴を、一足は持っていたい。都会でも雨の日にストレスなく外出できる。

作業バッグ

道具や必要なものをまとめて入れて、どこへでも運べる。トートバッグやリュックは多少手荒く扱ってもタフに受け止めてくれる、丈夫で使い勝手のいいものを選びたい。

8号帆布スクエアトート

気軽に使えてタウンユースにちょうどいい、カラーバリエーションも豊富(7色)なトート。33×12×34cm。東京都。

ヘビーキャンバストート

岡山製の厚手の帆布を東京の鞄職人が縫う、丈夫でシンプルなトートバッグ。挟みナスカンで口を閉じられる。持ち手も鋲をとめて補強。55×18×32cm（L)、42×15×32cm（M)、42×13×26cm（S)。東京都。[100～103ページ参照]

8号帆布リュックサック

無駄のないシンプルなデザインなのに、収納力抜群。普段使いにしたいリュックだ。5色あり。33×14×45cm。東京都。

ヘビーキャンバスツールトート

厚手の丈夫な帆布にポケットをふんだんに付けた、機能性重視のバッグ。大工道具の持ち運び、キャンプなど野外での活動に威力を発揮する。62×25×39cm(XL)、50×18×30cm(M)、35×15×25cm(S)。東京都。

松野屋のトートバッグができるまで

使いやすくて、
丈夫で、シンプルであるべし——
松野弘さんの
鞄作りにかける情熱と信念は、
この道50年の
熟練の腕に支えられて、結実する。

素材はキャンバス地や革、綿やナイロンなどいろいろあっても、おそらく誰でも一つはトートバッグと呼ばれる手下げ鞄を持っているはずだ。トート(tote)とは持ち運ぶという意味。文字どおり、ものを入れて運べる機能的な鞄で、毎日のお買い物用に、お出かけ用に、あるいは道具入れ用などに、それぞれお気に入りのものを持つ向きも多いだろう。

「暮らしの道具　松野屋」では、スレッドラインというオリジナルブランドのトートバッグを製造販売している。「なるべくシンプルで、使いやすくて、丈夫な」トートバッグを追求する松野弘さんが、すべて自らデザインしたものだ。

日本橋馬喰町の「松野屋」の事務所には、松野さんが長年愛用する一台のミシンが置かれている。20代の4年間、京都の

右／昔、松野さんが手がけた鞄。長く使い込まれて、持ち手や角の補強部分がすり減ってしまったが、その部分を修理すれば、また甦らせることができる。左上／厚い帆布用に調整したミシンで、ビニモという太い糸を使い、トートバッグのマチの部分を縫う。左下／持ち手と本体を縫い合わせた部分は、鋲を打ち込んで補強するのが、松野さんのこだわり。
左頁／ミシンに向かう松野さん。自分で描いた設計図をもとに、自らサンプルを作る。

「一澤帆布店」で鞄作りの修業に励んだ松野さんは、社長業のかたわら、今でも自分でミシンを踏む。技術的にできること、できないことがわかるから、職人さんとも突っ込んで話をすることができる。

　松野さんは帆布を手に、トートバッグのマチにする三角の部分を裁ち落とし、内巻きテープと呼ばれる布を巻き込みながらミシンをかけてみせてくれた。太い針を規則正しく上下させると、分厚い帆布にまっすぐな縫い目が走る。持ち手は鋲を打って補強し、開口部には〝挟みナスカン〟を取り付ける。

「サンプルが完成したら、必ず自分で使ってみます。改良すべきところは修整してセカンドサンプルを作ることもあります。ただ平面的なデザインを云々するのではなく、きちんと自分で1個作ってみて職人さんに手渡すこと。それが大事です」。

　こうして松野さんの設計した

1. 帆布を広げ、トートバッグを手に、雨宮博雄さんと松野さんが打ち合わせ。雑談も半分くらい。2. 雨宮さんがそれぞれのパーツを置いてみて、縫い合わせる部分を確認。3. ラッパという道具を使って、布の縁に内巻テープをかけて縫う雨宮さん。ラッパにテープ状の布を巻き込むと、縦に2つ折りになって出てくる仕組みだ。4. 内巻テープの幅によって、ラッパもいろいろある。5. 雨宮さんの縫いは、じつに手早くて合理的。端まで来たら間をおかずに別の布を続けて縫うので、糸を切るのも最小限ですむし、時間も短縮できる。6. 玲子さんが、布の向きを適宜すいすいと変えながら、持ち手とバッグ本体の接合部分にミシンをかける。

トートバッグを製品にするのが、雨宮博雄さんだ。雨宮さんはこの道50年以上の大ベテラン。リュックサックやバッグ、スキーケースなどの製造会社で修業した後独立、スポーツ用品や鞄の問屋との取引を経て松野さんと出会った。妻の玲子さんは長野の洋服店に長年勤めたため、ミシンはつねに身近な存在だった。夫婦で毎日、鞄作りに励んでいる。

博雄さんは1反（約10・6メートル）で丸められた重い帆布を広げると、無駄なく取り都合を割り振った。裁断し、玲子さんと手分けしてミシンがけに入る。じつに手際よく形にしていく。「大きさやデザインにもよりますが、一日に20ロットくらいはいけます」と頼もしい。

松野さんの思いの込められた丈夫で使い勝手のいいトートバッグは、こうして東京の職人さんの確かな腕に支えられて、完成する。

9

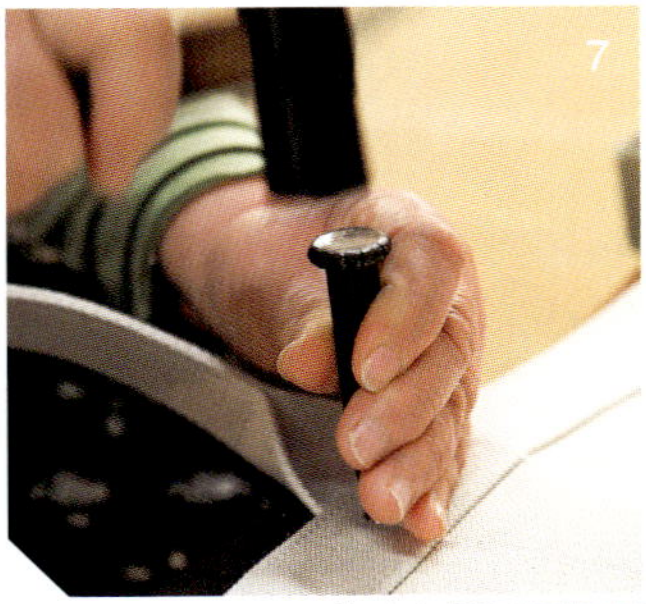
7

8

7. 金槌で鋲を打ち込むのは玲子さんの仕事。8. ミシンを操る玲子さん。博雄さんを支えながら、鞄作りの道をともに歩いてきた。9. 仕事場で"完成品"を手にする雨宮さん夫妻。松野屋のブランド、スレッドラインのバッグは、ここで生まれる。

いとしのざる・かご ③

農作業や山仕事、漁などに必要だからこそ生まれたざる・かごは、究極の〝働く〟道具。無駄なものを削ぎ落とし、実用機能を求めたかたちには、素朴な美しさが宿る。

根曲竹りんごかご

青森のりんご農家の収穫用かご。大きな六ッ目編みがかわいい。青森産のりんごを買って、このかごに入れて眺めてみたい。約38×26×19cm。青森県。

篠竹二番かご

野菜などの収穫物を入れたかご。縁を幾重にもからげて編むことで補強されている。脱衣かごにぴったりの大きさ。約52×43×20cm。新潟県。

しちなりかご

七通りの使い途がある、ということからこう呼ばれる。種まきや草取り、どんな仕事にも重宝されただろう。小物入れにおすすめ。約32×22×27cm（大）、約24×17×20cm（小）。新潟県。

[112 ～ 113ページ参照]

真竹総皮三本手かご

こちらは3本の持ち手。重たいものの持ち運びに対応。もちろんもの入れとしても上手に活用したい。約33×26×22cm。新潟県。

真竹二本手御用かご

真竹で頑丈に編まれた実用のかご。酒ビンや缶詰など重いもののストック用に最適。持ち手があるので移動も楽。約33×22×16cm。新潟県。

真竹御用かご

持ち手のないタイプ。自転車かごにして酒ビンや米袋の運搬もできる。約42×32×27cm（大)、約36×27×22cm（中)、約33×26×20cm（小)。新潟県。

篠竹文庫

読みかけの文庫本を数冊入れて、手もとに置くのに最適だ。約23×16×8cm。岩手県。

篠竹はさみかご

使いやすい大きさ。裁縫道具を入れるのもいいし、蓋と本体を別個に文房具入れなどにして使うのもいい。約35×18×14cm。岩手県。

篠竹どじょうかご

川に仕掛け、どじょうを獲る。一度入ったら出られない複雑な構造になっている。どじょうはトキの餌。佐渡島の暮らしの知恵から生まれたかごだ。全長約47cm。新潟県。

湯かご

手ぬぐいと石鹸を入れてぶらぶら銭湯へ行く、そのためのオツなかご。径約20cm（大)、約17cm（小)。愛媛県。

いとしのざる・かご 3

篠竹つぼけ

2つの“耳”に紐を通して腰につけ、農作業中の小物入れにしたという。見ていて飽きないかわいい形。リビングにおいて小物入れに。径約34cm（L）、約24cm（M）。岩手県。

真竹背負かご

薪や炭の運搬など山仕事に欠かせなかったであろう背負かご。好みの背負ひもにして、物入れとして活用したい。約48×38×48cm。岩手県。

肥料振かご

肥料を入れ、把手を持って振り子のように揺らして歩いて畑に撒くという、昔から使われてきたかご。約29×27×13cm。宮城県。

がんばれ！日本の職人さん

佐渡島の生活道具はあったかい

時代が移り、暮らしが
変わっても、使い続けたい
日本の道具がある。
ワラの草履、
釜敷き、竹のかご……
島の自然の恵みをいかして、
愛情をもって作り続けている
人たちに、会いにいく。

右頁／日本海に囲まれた豊かな米どころ、佐渡島のひとびとは、昔から農作業の道具や日用品も自らの手でこしらえてきた。急峻な山間に小さな田んぼが魚の鱗のように連なる岩首昇竜棚田にて。
ワラを綯うミヨおばあちゃん。小さな頃から馴れてはいるけれど、手間のかかる作業だ。ワラは農村の大切な資源。おばあちゃんは今も釜敷きなどを編んでいる。

ワラ草履

心のこもった、涼やかで優しい感触

実りの秋を迎え、収穫を終えた田畑に、束ねたワラ（稲などの茎）が干されている。それは日本の農村の原風景。農家の人たちは冬の間の仕事として、このワラを使って俵や草鞋、ワラぐつ、筵などの生活用品をこしらえてきた。最近はどこの地方でもこうしたワラ製品の作り手は少なくなってしまったといわれるが、佐渡島で今も元気にワラ草履を編むマツミおばあちゃん（82歳）に会うことができた。「ふだんは家で台を使って編んでいるんだけど、今日はちょっとやりにくいね」と笑いながらも、両足の親指にワラ縄をひっかけて、すいすいと草鞋の形に編み上げていく。「昔はみな、こうして編んでいたんですよ」。

　マツミさんのこしらえる草履は、ワラ縄に布を巻いて編み込んだ「ぜんのう草履」と呼ばれるもの。布は古い襦袢をきれいに洗濯して切って使っている。「襦袢1枚で5足くらいしかできないよ。全部に巻くもんでなあ」。鼻緒は色や柄を考えて別の布にする。作り手のセンスがあらわれるところだ。

　ぜんのう草履を本格的に始めたのは、30年ほど前のことだが、それ以前も冬支度で俵や筵を作っていた。「親がしているとこ

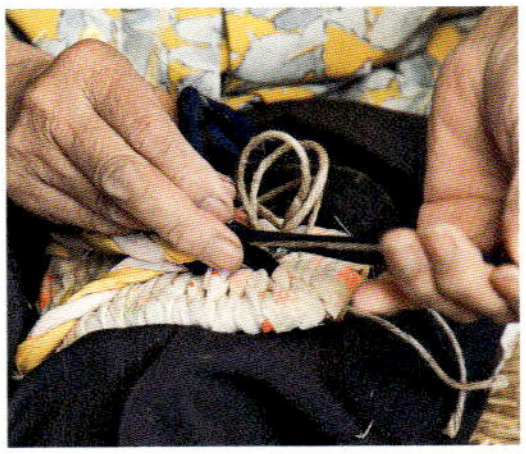

上2点／ぜんのう草履は緒の立て方が難しい、という。ワラ縄をぎゅーっと締めてしっかりと草履本体に結び付けて……いい塩梅の草履ができあがる。
左上／松野弘さんと一緒に。「草履を編むより、布を洗って切って、というほうが肩が張るよ」と笑う。

右／足を伸ばし、親指にワラ縄をかけて引っ張りながら、布をてきぱきと巻きつつ編んでいく。マツミおばあちゃんは昔ながらのやり方で草履を編んでくれた。上／小1時間で仕上げた1足。「ワラ草履は履いているうちに伸びてくるよ」。さわやかで柔らかい履き心地。

ろをしょっちゅう見ていたから、自然に覚えた」とか。「冬場になると、納屋にみんなで集まって俵を編んだものだよ。筵も織っておいて、新年に新しいものに取り替えて」。子供の頃に草鞋を履いて学校へ通ったこと。冬はワラぐつで、ゴム長靴はくじ引きで当たらないと手に入らなかったこと。……ワラを継いでは襦袢のきれを巻き、足と手を自在に動かしながら、いろいろな話をしてくれる。

「さあ、できたよ」。ものの1時間でかわいい1足が編み上がった。「どうぞ履いてみて」。ワラの弾力で柔らかく、襦袢のきれが素足にさらりと心地よい。おばあちゃんの編んだワラ草履は、足裏ばかりか、心まであたたかく包んでくれる。

しちなりかご など

丈夫で美しくて、手に優しい〝あやぶち〟

佐渡は稲作や漁業のさかんな島。昔からあたりまえのように、島に自生する竹を材料にして、種を入れるかご、収穫物を入れるかご、釣りかご……農作業や漁に必要な道具を自分たちで作ってきた。七通りに使える、ということからそう呼ばれるようになったという「しちなりかご」も佐渡に伝わる大切な道具だ。

勇おじいちゃん（84歳）はしちなりかごをはじめ、小さなまめかごや、大きな二番かごと呼ばれるものなど、良質で多彩なかごを作ることのできる稀有なひと。九州の方からも竹細工の訓練校に通う若者たちが訪れ、

上／勇さんの手がけたかご。間隔が均等になるように竹がしっかりと巻かれている〝あやぶち〟が、美しさを際立たせている。左／歯でぎゅーっとひっぱって、かごの縁をからげる。こうしないと力が入らない、という。「84歳にもなって、こんなに歯が丈夫で良かったよ」。

かご作りを学んでいく。

勇さんは自宅の工房で、材料にする竹の山に囲まれていた。「竹は篠竹や目黒竹のほか、大竹、真竹も使います。孟宗は駄目ですけれどね」。そう教えてくれながら、ナタを手に勢いよく竹を割いていく。「竹には必ず〝芽〟があるから、芽を出さないように、一定して自分の欲しい幅に割くのが難しいんですよ」。

竹細工の仕事を始めたのは、勤めを辞めた64歳になってから。それまでは自衛隊や建設業の総務畑で活躍してきた。

「子どものときから家で父がかごを作っているのを見ていたり、竹の皮を剝かされたり、竹に馴染んできたからね。見よう見まねですよ」と笑うけれど、その技は一朝一夕に磨けるものではない。「見本を見れば、だいたいのものを作れます」と頼もしい。

しちなりかごよりもちょっと小ぶりのかごを編んで、仕上げの縁にとりかかった。「縁は目黒竹の皮を使ってからげます」。本体の篠竹を編んだ縁の部分を均等に開き、堅い目黒竹を歯でぐいぐいと引っ張りながら、斜めにぎゅうっと幾重にも巻きつけてゆく。

「小さいかごの方が難しいですよ、巻きづらいからね」。力が要るうえに繊細な作業。こうして〝あやぶち〟と呼ばれる佐渡特有の、頑丈で手の当たりの滑らかな縁をもつ、美しいかごができあがった。

右上／ナタを手に竹を割き、材料作りにかかる。一見たやすそうに見えるほど、さっさと割く。右下／かごを編むのも手早い。早いけれど丁寧で細かい。左／自作のかごを手に、庭の篠竹の前に立つ。「そのうち、花を入れるかごもやりますよ」と新しい挑戦も始めるつもりだ。

ワラ釜敷き

綯う、編む。協力して作り上げる〝まあるい形〟

自宅の一角に設けた三畳敷きほどの小さな作業場で、ミヨおばあちゃん（87歳）と博美さん（56歳）が向き合って、ワラを巻いてはドーナツ型の釜敷きを編み上げていた。二人はお姑さんとお嫁さん。毎日協力し合って作っている。

「ここらへんの人にも仲良くって珍しいね、うらやましいねってよく言われるよ」。おばあちゃんがにこにこと話す。「毎日向き合って世間話したりして。最高だよ。どこかに出かけるってのも一緒に出かける。おいしいもの買いにいくの」。「そうそう。お母さんの昔話をきいたり、子どものことを話したりね」。博美さんが微笑み返す。

おばあちゃんは小さい頃から農作業の合間に竹ざるやワラのものをこしらえてきたベテラン。博美さんがワラ釜敷きを作り始めたのは10年ほど前から。それまで会社勤めをしていたが、退職を機にお母さんに習って一緒にやらせてもらおうと決めたという。二人とも、ワラを綯《な》うことも編むことも、両方やりながら助け合って仕上げている。

おばあちゃんが〝ワラ綯い〟をして見せてくれた。時折手を水で湿らせながら、掌をすり合わせるようにして綯う。先のほ

上2点／お姑さんとお嫁さん、二人向き合って、綯ったワラを丁寧に編む。ワラで編んだ釜敷きは安定感があってクッション性も高いので、重たい鍋もどっしりとしなやかに受け止めてくれる。左上／掌をすり合わせてワラを綯う。「こうしてずっと働けて、ボケないし、ほんとにありがたいこった」。

「器量よう、撮ってね」。小さな仕事場で毎日精を出す仲の良い嫁姑。二人で編み上げるシンプルで丸い釜敷きは、松野屋を経て、ロンドンやパリ、北欧、アメリカへも送られている。

うにきたら1本ずつワラを継ぎ足して、長い縄状のワラを綯っていく。手間のかかる作業だ。大きめの釜敷きを作るには、70センチの縄が16本分は必要と教えてくれた。

綯ったワラをぎゅーっと巻き付けるときの力加減も勘どころ。ゆるんでしまってはいけないし、一分の隙もない編みでは堅すぎて使いにくい。決して解けずに、きちんと揃った美しい編み目に仕上げるのが腕の見せどころだ。そのあたりの二人の呼吸もぴったりだ。

「今は竈もないのに需要があるのかな、と思っていたのですが、けっこう使ってくださるのですね。一生懸命作らせてもらっています」と博美さん。「こうしてお嫁さんと毎日一緒に仕事ができて、ほんとにありがたいこと」。おばあちゃんの笑顔が輝いた。

特別対談

ヘビーデューティーと荒物雑貨の素敵な関係

小林泰彦

松野 弘

右頁／荒物雑貨が所狭しと並ぶ、日本橋馬喰町「暮らしの道具　松野屋」の店内にて。小林さん（右）に何が一番気になりますか、と訊いたら、「トタンの四角い箱がいいね。湿気が入らないで、何でも入れられるね」。

一九七〇年代、アメリカのアース・ムーブメントに由来する〝ヘビーデューティー〟[*1]を紹介した小林泰彦さん。その精神に心酔し、〝荒物雑貨〟への道を歩んだ松野弘さん。たがいに〝ほんもの〟を求めてきた二人が初めて対談！　京都のバッグから米国のアウトドア用品、日本の民具まで、「もの」の持つ魅力、楽しみを語る。

京都の帆布屋さんのこと

松野　今日はお忙しいところをお運びいただき恐縮です。お目にかかれて光栄です。私は青年時代に小林さんの〝ヘビーデューティー〟や〝メイド・イン・USA〟[*2]におおいに影響を受けて、小林さんのおっかけのようなことをしております。

小林　ありがとうございます。松野さんの年代の方が、そういうふうにおっしゃってくださることがよくあるんですよ。

松野　私は生まれが浅草橋で、小さい頃から上野アメ横の〝軍もの〟や、築地市場で働く人たちの道具を見て育ちました。戦後すぐに祖父が始めた店は、商売人や銀行員の集金バッグや別注の袋物なども扱う鞄問屋で、そういう機能性を重視した業務用のものにも惹かれていました。それから民芸の器も好きでしたし、京都の一澤帆布店[*3]や、さらには渋谷の文化屋雑貨店[*4]の存在も大きかった。ヘビーデューティーと、そういうものすべてが合わさって、今の荒物の仕事になったわけです。

小林　よく一緒になったな、という感じがしますけれども……（笑）。

松野　私の中では一緒になっているのです（笑）。これらを重ね合わせたのが現在の私でして。小林さんにはうかがいたいことがたくさんあるのですけ

＊1　HEAVY DUTY
米国では「丈夫な」「頑丈な」という意味しかないが、丈夫さに加えて機能性に優れたもの＝「ほんもの」という思想に貫かれたものとして、1970年代に小林さんが紹介、一大ブームを巻き起こした。小林泰彦著『ヘビーデューティーの本』（初版は1977年、婦人画報社刊。2013年、ヤマケイ文庫から復刊）を参照。

＊2　Made in U.S.A. Catalog 1975/ Made in U.S.A.-2 Scrapbook of America 1976
70年代のアメリカン・ライフスタイルを紹介したカタログ雑誌。木滑良久氏と石川次郎氏が企画制作、小林さんが取材記事とイラストレーションを担当。読売新聞社刊。

＊3　一澤帆布店
1905年創業、京都市東山区にある布製鞄メーカー。一澤信夫氏は3代目。

＊4　文化屋雑貨店
1974年に長谷川義太郎氏が東京・渋谷に開いた雑貨店。日本の雑貨ブームの先駆者的存在。

れど、まずは少し京都のことを聞かせてください。もう七〇年代初めには、平凡パンチで京都特集をされていましたね。

小林　僕はそのころ京都がおもしろくてよく行っていまして、あんまり「京都がおもしろい、おもしろい」と言っていたものだから、「じゃあ、京都で一冊作ろう」となったんです。

松野　私は七七年から四年間京都で過ごし、一澤帆布店で修業させていただきました。小林さんはすでに一澤さんをご存知だったわけですが、最初の出会いはいつ、どのように?

小林　六〇年代の初めに、街を歩いていてたまたま見つけました。普通の三軒分くらいある大きな町家の店舗で、広いガラス張りのショーウィンドウにテント地が広げてあったのですが、よく見るとその隅っこにザックが置いてある。僕は〝帆布屋さん〟というだけで好きなのですが、「帆布屋さんが袋物もやってるんだ!」と驚いた。それからは京都へ行くたびに気にしていたのですが、あるとき店内を覗いたら、「ああこれがオヤジさんだな」という風貌のご主人がいたので、いきなり入っていって「なぜここに袋物があるんでしょう?」と訊いたんです。

松野　そうですか。その頃にもう袋物を作っていたのですね。

小林　そうですね。その後も小さなサブザックとか手提げとか、行くたびに違うものがありました。つまりは、ご主人(当時)の信夫さんがこういうものがお好きだから、つい作っちゃうんでしょうね、おもしろい物を。そのときも二人で話していたら止まらなくなって、昼ごろに行ったのに夕方になっちゃった。それからは京都に行くたび、必ず店に寄ってお話をしていました。

松野　社長はミシンをかけてらっしゃいましたか?

小林　やってらっしゃいました、ご自分で。ご自慢のズック製の前掛け姿で、僕の目の前で話しながら、「あれはこんなふうな縫い方で」とか何とか言って、自分でミシンをかけて見せてくれることもありました。僕や仲間もバッグを頼んで作ってもらったりしたものです。

松野　ミシンが並んでいる工場で私も働いていたのですが、夏場は暑くて。汗疹《あせも》ができちゃいました。

小林　よくやったね……。えらい!

ヘビーデューティーの心とは

松野　もう三十数年前になりますが、小林さんの『ヘビーデューティーの本』は私にとって教科書で、初版本から切り抜いてファイルしてアメリカに携行し、バークレーのザ・ノース・フェイス[*5]やシエラ・デザイン[*6]も訪ねました。ボールダーのアルパインデザイン[*7]も行ったのですが、すでに閉まっていました。

小林　アルパインデザインはいい会社でしたね。作りが丁寧だった。初期の頃がよかったですね。

松野　小林さんはそもそもどうしてアメリカのアウトドア用品に出会われた

松野さんのバイブル、『ヘビーデューティーの本』初版本。「メンズクラブ」での掲載記事を中心に、小林さんのヘビーデューティーについての考えを余すところなく紹介した本で、松野さんはページを切り抜いて米国に持参、アウトドア用品のショップなどを訪ね歩いた。

のですか。

小林　僕が高校生の頃、父が亡くなって母の出身地の横浜へ移って、本牧に建てた家を軍用ハウスとしてアメリカの将校に貸していたんです。彼らは出て行く時には家財道具をそのまま残して越していくので、冷蔵庫や家具と一緒に雑誌も山のように置いていってしまうわけ。ファッション誌から家庭雑誌、戦争ものまで、ごっそり残された雑誌の山の中に、L・L・ビーン*8やエディー・バウアー*9のカタログを見つけたんです。僕は中学二、三年で山登りを始めていたので、そういうものに敏感に反応した。いまやもう、どちらも日本では洋服屋さんの様相ですが、そもそもはアメリカの田舎町のハンティング道具やフィッシング道具の店だったんですよ。

松野　実際に取材に行かれる時には、当時どうやって店を探したのでしょう。インターネットももちろんない時代ですし、苦労されたのでは？

小林　アメリカへ行ってから探しました。一番役に立ったのはイエローページです。アメリカはセールスマンの国だから、職業別電話帳は大事なんです。たとえば車の空気入れをセールスした

＊5　The North Face
1968年創業、アウトドア用品や登山用具の製作販売を手がける米国メーカー。

＊6　Sierra Designs
1965年創業、マウンテンパーカで世界中に名を広めたアウトドア用品の米国メーカー。

＊7　Alpine Designs
1962年創業の米国のアウトドア用品メーカー。ブランド売却後、71年にCAMP7を設立。

＊8　L.L.Bean
1912年、米国メイン州で創業したアウトドア用品の総合メーカー。

＊9　Eddie Bauer
1920年、米国ワシントン州シアトルで創業したアウトドア用品のメジャー企業。

い人は、地方へ出張に行って職業別電話帳を繰ってそこの自動車屋を探すわけです。そのためのイエローページを僕らは利用した。おもしろかったですよ。

松野　私は京都時代に本格的に山登りを始めましたが、すでに中学生で山をやっていたという小林さんは〝山屋〟としても大先生なわけです。小林さんのザックのコレクションも雑誌で拝見しました。

小林　そうそう、たくさん〝袋〟を並べて写真を撮ったことがあった。

松野　それで私はサレワ[*10]のザックのコピーを作ったんです。本物は買えなかったし、写真で見て作ったんです。

小林　じつによく本物そっくりにできてるじゃないですか。本物はこんなによくないよ（笑）。当時は高かったから、サレワのザックを持っているクライマーはちょっとエリートでしたね。普通はミレー[*11]かラフマ[*12]のザックだった。日本の登山はヨーロッパ流で発展してきたし、ヨーロッパの道具が主流だったわけですが、アメリカへ行ってみたら、アメリカでも登山が始まっていて、アウトドアの新しい道具をどんどん作っていてびっくりしたわけです。でも、アメリカは基本的にハンティングとフィッシングの国なので、やっぱり登山靴とかアイゼンとかはいいものが作れない。ただしシアトルは事情が違って、ＲＥＩ[*13]が〝山屋〟の道具を作っていましたね。

松野　私もその後シアトルへ行ったのですが、ＲＥＩの隣に中古品店があり

松野さんが30年以上前に作った、「サレワ」のコピーのザック。これを背負って山登りや岩登りをしていた。「本物よりよくできているじゃない」と小林さん。

＊10　Salewa
1935年、ドイツ・ミュンヘンで創業したアウトドアブランド。90年にイタリアに拠点を移動。

＊11　Millet
1921年、フランスのリヨン郊外のサン・フォンで創業したアウトドアブランド。

＊12　Lafuma
1930年、フランス東部マネロンで創業したアウトドアブランド。

＊13　R.E.I.
（Recreational Equipment Inc.）
1938年にシアトルのクライマーたちがヨーロッパから輸入した山用品をプールしておくためにつくったグループ「コープ」に始まる（『ヘビーデューティーの本』より）、アウトドア用品全般を扱う企業。

まして、みんな、REIで買って使って古くなったら中古品屋でお金にして、またREIで買物をする（笑）。

小林　シアトルという町はアラスカの入り口ですからね。アラスカへ金鉱堀りや毛皮獲りに行くための仕度をするところ。アメリカらしいヘビーデューティーものが、もともとあった土地と言えますね。

松野　そのヘビーデューティーですが、アメリカ人に「ヘビーデューティーの鞄」と言ったら、こちらで意味するところをちゃんと理解してくれるのでしょうか？

小林　いいえ。言葉自体はもちろん英語の熟語としてあるのですが、アメリカでヘビーデューティーと言えばただ「丈夫」という意味があるだけで、日本で意味するようには通じないです。結局アメリカにはヨーロッパのような洗練というものはないから、丈夫に作ろうとなれば、とことん丈夫に作る。形はそこそこ整えるだけ。たとえばアメリカには男性ファッションしかなくて、婦人のファッションはないでしょう？　ヴォーグもニューヨークのファッションショーも、もともとヨーロッパで作ったものであって、それをアメリカで売るという商売に過ぎません。ほんとにアメリカって無骨な国で、それが本質です。僕らから見れば、そういうアメリカという国がおもしろかったから〝ヘビーデューティー〟と言ったわけです。

松野　それがヘビーデューティーの心なわけですね。

小林　それが心。じつは（笑）。

ほんもの探し

松野　小林さんから学んだヘビーデューティーを私は私なりに解釈していて、たとえば、この厚口グラス（14頁）はそのへんの立ち飲み屋で使うコップですけれど、徹底的にヘビーデューティーだと思っているんです。厚くて丈夫で、熱燗を入れても冷めにくくて。

小林　たしかにヘビーデューティーですね。誰かに頼まれて作ったり使ったりしているのではなく、自分たちがこうしようと選んで作って使っている道具ですよね。だから間違いなく、これは〝選ばれたもの〟なんです。

松野　製作している人たちはもうほとんどが高齢ですので、次第に消えつつあるというのが現状です。それに、もちろん需要と供給の関係がありますので、商売として成り立つようにしていかないと、今あるものも続かなくなっていってしまう。たとえばリンゴ収穫用の木製の脚立なんて、もう日本では皆無に近い。

小林　かつて『ほんもの探し旅』で取材したのですが、京都の北山の杉で脚立やはしごを作って、街に売りにくる人がいました。この〝ほんもの探し〟こそ僕にとっては原点。ここからスピンアウトしたのが、〝ヘビーデューティー〟なのです。

松野　私は三十年前に新婚旅行で『ほんもの探し旅』を持って各地を訪ねてみようと、小樽の方にも行きました。

小林泰彦
こばやし・やすひこ

画家・イラストレーター。1935年東京生まれ。社会風俗、旅、登山などのイラストレーションや本の装丁、絵と文によるレポート、紀行文の執筆など、幅広く活躍中。『世界の街』（1970、朝日ソノラマ）『絵本・小京都の旅』（1977、晶文社）『ほんもの探し旅』（1983、草思社）『低山徘徊』（1984、山と渓谷社）『むかし道具の考現学』（1996、風媒社）『イラスト・ルポの時代』（2004、文藝春秋）『小林泰彦の謎と秘密の東京散歩』（2013、JTBパブリッシング）など著書多数。

小林　残念なことに、あの小樽の炭鉱用品を作っていたズック屋さんは今、なくなっちゃったんですよ。とても素晴しい道具を作っていたなあ。炭鉱で石が転がってきて脛に当たったら大変でしょう、だから脛あてが重要なのですが、細く削った竹を防弾チョッキみたいに脛あてにするわけ。石があたると竹の強度で反発して、うまい具合に全体に力を分散してくれるんです。木では凹んでしまうからダメ。そういう昔からの知恵がすごいね。

松野　小林さんが探し出されたような〝ほんもの〟を追っかけて、私もいろいろ各地を訪ね歩いているのですが、私の好きなものは、まず丈夫であって、経年変化があって、そして価格的に買いやすいもの。そういう意味で、ヘビーデューティーも、軍ものも、業務用品も、民芸も、私にとってはやっぱり共通していて、「用の美」。使ってこそのものなんです。最初に小林さんに「一緒にするのはどうかな」と言われましたけれど（笑）。

小林　役に立つものは必ず美しい、ということがありますね。役に立つものとは、不要なところが洗い落とされていって、結局役に立つための要素しか残っていない。そうすると、なんでも美しい。地方の民陶でも、もともと職人が焼いていた実用のものが一番です。すすき一本の絵を描くにしても、絵筆でサザーッと描くあの絵がいいんですよね。同じものは二つとできないけれど一日に何百個と描いてしまう、あれがいい。個人的な意見ではありますが、そこに〝芸術〟を持ち込んだ民芸運動というのは、僕は好きではないな。

松野　たしかに私も民衆的手工芸ではなくて、民衆的手工業に惹かれます。私にとって民芸というのは、民衆的手工業に近い、家内制手工業のようなものかと思います。

日本の道具との出会い

松野　小林さんはザルやカゴなども含めて、日本の生活道具にもとてもご関心が深いですよね。もともとお好きだったのでしょうか。

小林　僕の生まれた家は日本橋米沢町（現・東日本橋）の和菓子屋で、もっぱら生菓子を作っていました。工場では菓子職人がたくさん働いていて、ひとつひとつ手で作るわけです。そこには、材料を揚げたり蒸したり漉したりする、いろんな大きさのいろんな目のザルがいっぱいありました。工場に行っちゃいけないよ、と親には言われていたのですが、僕はそういうのがおもしろくて、よく見に行っていたんです。

松野　和菓子屋さんにはさまざまな道具があるでしょう。ほんとに小さい頃から、そういうザルにも興味をお持ちだったのですね。

小林　そうですね。そして国民学校四年生の春に秩父へ集団疎開をしたのですが、その頃は何もものがなくて、必要な道具は自分で竹で作っていました。ナイフは肥後守《ひごのかみ》しかなくて、肥後守はすぐ刃が落ちるから自分で研ぐ。砥石はみんなで使いまわして研ぐから、すぐに小さくなっちゃう。研いで、研いで、箸はもちろん、筆箱も物入れも下駄も、なんでもかんでも作りました。小学生でも、とにかく雑貨屋もないし売ってもいないんだから、自分で作るしかない。ありがたかったのは、疎開していたお寺の和尚さんが、子どもたちが可哀想だから裏山の竹だけは自由に使っていい、と言ってくれたことです。

松野　竹は切らないで放置しておくと、ダメになってしまうとも聞きました。

松野弘
まつの・ひろし

「暮らしの道具　松野屋」店主。1953年東京生まれ。1977年から81年まで京都「一澤帆布店」で鞄作りを学んで帰京。ブルーグラスミュージックやヘビーデューティーに大きな影響を受け、先々代から続いていた鞄の卸問屋を継ぐにあたっては、扱い品目を日用品に方向転換。昔から日本人の生活にあたりまえにあった道具を求め、それらを製作する職人を訪ねて全国を歩いている。

松野さんの京都時代の写真や民具の資料などを机に広げながら、話に興じる二人。アメリカのヘビーデューティーから日本のザルカゴ、山の道具まで、話題は尽きない。

小林　僕らは竹林から好みの太さの竹を選んできました。たとえば、物入れにするなら太い孟宗竹がいい。節をうまく使って削ると、蓋もできるんです。筆箱は、竹を横にして下を削って平らにすれば、机の上に置ける。みんな、ちゃんといろいろ考えて竹で作っていました。

松野　なるほど。

小林　それから一年もしないうちに、今度は個人疎開で新潟の新井（現・妙高市）に越しました。雪の深いところで、その冬はとくに雪が多く、二メートルも積もった。着いた翌日からスキーをはかないと学校へ行けないから、

＊14　カザマ
1912年、新潟県で創業した国産スキーメーカー。96年に倒産。

大急ぎで町のスキー屋で買ってもらって、一日で覚えましたよ。なにしろスキーができなければ学校へ行けないんですから。その町のスキー屋が、後の[*14]カザマでした。

松野　すると、カンジキとかワラグツとかもお使いになっていたんですね。

小林　そうです。ワラグツは市へ買いに行きました。毎週市が立って、大きいのから小さいのまで、ずらりとワラグツを並べて売っている。見ているだけで楽しかったですね。

松野　ワラや縄の製品は、いまや日本では全滅に近いです。カゴや竹製品はまだ残ってはいますけれど……。

小林　僕らの頃は生活必需品だったんです。ワラグツとカンジキはセットで持っていないと生活できませんし。ゴム長靴なんて高くて買えませんからね。スキーはワラグツを履いてやりましたよ。水が入らないし、あたたかいんです。

松野　背負子やカゴはいかがですか？

小林　疎開先が地主の大きな家で、玄関に入ると広い土間があって、背負いカゴなどの道具が置いてありました。それを発見した時、子供心にも「いいな」と思ったんです。その印象がとても強い。

松野　まだ小学四年生で、疎開先でカゴを見て「いいな」と思うなんて、やっぱりすごいですね。

小林　僕は学生時代から二十代の頃、山登りするのにカゴを背負って行ったことがあります。大きなカゴの背中寄りのほうに、ナイロンの袋の上の二隅を針金でしっかりと留めて、下の二隅はそのままぶら下げておくんです。その袋の中に金ものや重くて大切なものを入れて、寝袋とか拾ったものとか軽くてかさばるものは袋とカゴの隙間に詰めるわけです。そうするとじつに按配がいいんです。L・L・ビーンのカゴなども使いましたけれど、やっぱり日本のカゴ、とくに四角いカゴが一番ですね。使い勝手がいい。

松野　カゴは究極のトートバッグになりますものね。何を入れてもいいし、まとめてどこへでも運べる。

小林　僕らはよく〝ザルカゴ〟という言い方をするのですが、ザルカゴというのは、中身のものをまとめて、コンテナとしたり、バッグやザックにしたり、どうにでもできる基本的な道具です。そして材料が変わろうと、編み目の数がどうであろうと、編んだものであることに変わりはなくて、はるか昔から世界中で編まれて使われているものですからね。ザルカゴはまさに人間のDNAに組み込まれた道具と言えるのではないでしょうか。

松野　なるほど。小林さんにとって、ザルカゴや生活の民具という日本の道具との出会いがまずあって、そこからヘビーデューティーの発見へとつながっていったのですね。

小林　のちのヘビーデューティーにつながるものは、秩父の学童疎開と新井での雪の生活に集約されていた、と言ってもいいかもしれませんね。

（二〇一四年七月九日、東京・日本橋馬喰町「暮らしの道具　松野屋」にて）

協力

暮らしの道具　松野屋
http://www.matsunoya.jp/

［卸］（株）松野屋
東京都中央区日本橋馬喰町1-11-8
tel. 03-3661-8718
mail info@matsunoya.jp

［小売］谷中　松野屋
東京都荒川区西日暮里3-14-14
tel. 03-3823-7441
mail info@yanakamatsunoya.jp

イラスト
小笠原徹

写真
青木登（新潮社写真部）

ブックデザイン
中村香織

シンボルマーク
nakaban

128ページ／2014年夏の「松野屋の暮らしの道具展」より。東京・日本橋馬喰町のギャラリー「ART＋EAT」にて。

「谷中 松野屋」。
松野屋の扱う荒物雑貨が買える店。

とんぼの本

あらもの図鑑《ずかん》

発行　2014年11月25日

編者　松《まつ》野《の》弘《ひろし》
発行者　佐藤隆信
発行所　株式会社新潮社
住所　〒162-8711　東京都新宿区矢来町71
電話　編集部 03-3266-5611
読者係 03-3266-5111
ホームページ　http://www.shinchosha.co.jp/tonbo/
印刷所　半七写真印刷工業株式会社
製本所　加藤製本株式会社
カバー印刷所　錦明印刷株式会社

ISBN978-4-10-602255-5 C0377